行動・健康・パフォーマンスに影響を与える優しいアプローチ

Getting in TTouch with Your Dog

リンダ・テリントン・ジョーンズ／著

山崎恵子／監訳

石綿美香／訳

GETTING IN TTOUCH
with
Your-Dog

*A Gentle Approach to Influencing Behavior,
Health, and Performance*

LINDA TELLINGTON-JONES

with Gudrun Braun

First published in the United States of America in 2001 by
Trafalgar Square Publishing
North Pomfret, Vermont 05053

Originally published in the German language as *Tellington-Training für Hunde* by Franckh-Kosmos Verlags-GmbH & Co., Stuttgart, 1999

Copyright © 1999 Franckh-Kosmos Verlags-GmbH & Co., Stuttgart
English translation © 2001 Trafalgar Square Publishing
Reprinted 2002

All rights reserved. No part of this publication may be reproduced, stored in a retrieval system, or transmitted in any form or by any means, electronic, mechanical, photocopying, recording or otherwise without prior permission of the copyright holder.

Franckh-Kosmos Verlags-GmbH& Co., 発行の TTouch®für Katzen の日本語版独占翻訳権は、有限会社アニマル・メディア社が保有しています。

目次

謝辞	8
はじめに	10
獣医師の見解	18
ドッグトレーナーの経験	21
愛犬をテストしてみよう—チェックリスト	23

Tタッチ　26

クラウデッド レパードのTタッチ	28
ケースヒストリー〈運動機能の問題／関節炎〉	30
ライイング レパードのTタッチ	32
パイソンのTタッチ	34
アバロニのTタッチ	36
ラマのTタッチ	37
ラクーンのTタッチ	38
ケースヒストリー〈飼育放棄されたゴールデン・レトリーバー／体力のない子犬〉	40
クマのTタッチ	42
タイガーのTタッチ	43
タランチュラの鋤引き	44
ケースヒストリー〈麻痺で苦しむ〉	45
ヘアスライド	46
ケースヒストリー〈飼育放棄された雄犬〉	47
牛のひとなめ	48
ケースヒストリー〈背中の痛み〉	49
ノアのマーチ	50
ジグザグのTタッチ	51
お腹のリフト	52
ケースヒストリー〈腰の問題〉	53
口のTタッチ	54
ケースヒストリー〈発作／ガン〉	56
耳のTタッチ	58
ケースヒストリー〈車酔い〉	59
ケースヒストリー〈雷が怖い／出産の問題〉	60

項目	ページ
前肢のレッグ・サークル	62
後ろ肢へのレッグ・サークル	64
つま先へのＴタッチ	66
つま先でのＴタッチ	68
爪切り	69
しっぽのＴタッチ	70

リーディング・エクササイズ　72

項目	ページ
バランス・リード	74
ワンド(杖)を使う	75
ハルティに慣らす	76
ハルティで誘導する	78
ケースヒストリー〈元気いっぱいのジャックラッセルとピットブルの雑種／攻撃的〉	80
ボディ・ラップ	82
ケースヒストリー〈誘導するのがむずかしい／リードを引っ張らずに歩くことがむずかしい〉	84
ダブル・ダイヤモンド	86
犬のハーネス	87
伝書鳩のジャーニー	88
ケースヒストリー〈ショー・リングで抵抗する〉	90

コンフィデンス・コース　92

項目	ページ
ラビリンス	94
プラットホームとボード	96
金網とプラスチック製の床面	98
シーソー	100
Ａフレームとボード・ウォーク	102
キャバレッティ、スター、ポール	104
はしごとタイヤ	106
コーンでスラローム	108

項目	ページ
愛犬とのＴタッチ・トレーニング・プラン	110
問題行動を解決する	112
Ｔタッチ情報	119
Ｔタッチ用語集	124
索引	127

この本を長年にわたりTタッチとTTEAMトレーニングの発展に貢献してくれた私の妹ロビン・フッドに捧げます。

謝辞

　アメリカでの発行人キャロライン・ロビンスの忍耐と理解、延々と続いた編集作業を請け負ってくれたこと、そして原稿のなかのちょっとした箇所についてまで私と電話で話し合ってくれたことに心から感謝の気持ちを捧げます。
　マーサ・クックの支援と彼女のおかげでこんなに楽しく仕事ができたことに感謝します。長年にわたり私の仕事を信頼してくれているイギリスのケニルワース・プレスのディヴィッド・ブラント、レスリー・ゴーワーズ、その他のスタッフにもお礼を申し上げます。また、最初にこの本のアイディアを出してくれたガドラン・ブラウンにも感謝しています。彼なしではドイツ語のオリジナル原稿は仕上がらなかったでしょう。アルマス・シーベンは常に新しい本の提案をしてくれて、本当に助かります。
　写真を撮ってくれたジョディ・フレディアーニ。良いアングルをとらえようと、辛抱強くねばってくれたことに感謝します。イラストレーターのジャンヌ・クローファとコーネリア・コーラがすばらしい絵を描いてくれたことにもお礼を申し上げます。
　カーステン・ヘンリーの熱意、忍耐、作品の細かな部分への気配り、そしてイングリッド・ウインターとクリスティン・シュワルツの編集協力に感謝します。Tタッチのインストラクターであるエディ・ジェーン・イートン、ジョディ・フレディアーニ、デビー・ポッツ、そして非常に多くの人々や動物にTタッチを行い続けている世界12カ国の数百人のTタッチを実践されている人々へは、これまでどおりの深い感謝の気持ちを送ります。
　ドイツ本部のビビ・デグン、イギリスのサラ・フィッシャー、スイスのドリス・スエス、オーストリアのマーティン・ラッサー、オーストラリアのアンディ・ロバートソン、南アフリカのユージェニー・ショパン達へ、トレーニングやプロモーションに協力してくれたことに感謝します。
　写真撮影時には辛抱強く、ユーモアも示して協力してくれた以下の愛犬家とその愛犬達にもお礼を申し上げます。エリカ・ハルとTレックス、メアリー・エレン・レイドランとビリー

G、ジョー・バックランドとギムリ、ベロニカ・ブリッジとバンディット、ロイス・シュミックとテスとグレイディ、リンダ・バーナムとジェシー、アデル・ゲティとキュメイ、サンドラ・ウィルソンとグリフィン、ウタ・ヘンリック。

　私が締め切りまでに終えられないと思った時に、夜遅くでも執筆作業に戻してくれた私の夫ローランド・クレガーに感謝します。長い時間コンピュータの前で時間を過ごす私にずっと付き添ってくれた、私達の忠実なウエスト・ハイランド・テリアのレインにもお礼を言わなければなりません。

　私の妹ロビン・フッドにお礼を言うとしたら全ページを使ってしまうでしょう。常にそばにいて私を支えてくれ、私が行き詰まった時やクリエイティブな判断や励ましが必要な時に、すばらしいアイディアをいつも与えてくれました。本当にありがとう。

　そしてもちろん、私と出会い、暮らしてきたすべての犬達にも感謝しています。彼らがいなければ、この本を書くこともありえませんでした。

はじめに

テリントンタッチとは？

　テリントンタッチにはＴタッチ、リーディング・エクササイズ、コンフィデンス・コースの３つの方法があります。

テリントンタッチの歴史

　動物へのボディ・ワークは最近の流行であると一般的には考えられています。競走馬のトレーナーであった私の祖父ウィル・ケイウッドは、1905 年にモスクワ競馬で 87 勝を収めたことで、最優秀トレーナーとして賞され、宝石で飾られた杖をニコラスⅡ世ロシア皇帝から授かりました。この偉業は、彼の厩舎の馬が、毎日 30 分間体中を２センチ刻みで「さすられている」ことによると彼は語りました。

　1965 年に、私は当時の夫ウェントワース・テリントンとともに「競技馬のためのマッサージと体の治療（Massage and Physical Therapy for the Athletic Horse）」という本を書きました。これは 100 マイル耐久競馬、障害物競馬、スリーデイ・イベント、ホース・ショーなど、私が広く参加していた競技の後に、実際に私達の馬に行っていたボディ・ワークに基づいたものでした。ボディ・ワークを行った私達の馬は、他の馬に比べるとはるかに回復が早いことに気づきました。

　しかし、動物の行動と性質、そして学習する意欲や能力がボディ・ワークにより影響されることは、1975 年にサンフランシスコのヒューマニスティック心理学研究所で心身統合システムを開発したモーシェ・フェルデンクライス博士の４年制のトレーニング・コースに入るまで考えもしませんでした。

　私がこの研究を始めたのは自分らしからぬ選択でした。これは人間の神経系統に働きかける方法であり、私は馬の世界の人間だったからです。当時で 20 年以上にわたり乗馬や馬のトレーニングについて指導しており、うち 10 年は乗馬と馬のトレーナー教育を専門とした the Pacific Coast Equestrian Research Farm School of Horsemanship という学校の共同所有者で指導者でもありました。

　このフェルデンクライス博士のトレーニングに申し込んだの

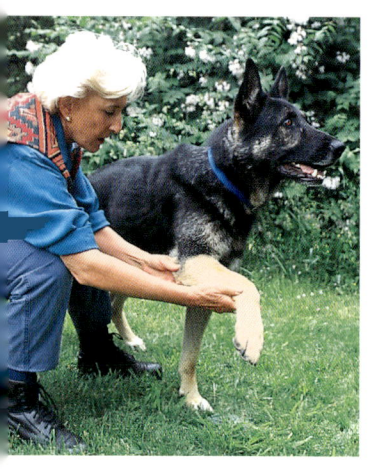

意識を高める動きのパターンをつくる作用があるレッグ・サークルを行っているところです。

神経質な馬に頭を低くさせています。こうすると精神的にも感情的にもリラックスさせることができます。

は、彼の手法を人間の乗馬指導に適応できるのではないかと思ったからです。当時私は直感的なものに強く動かされ、うまく説明できない理由でこのコースを受け始めました。運動能力を高め、痛みを緩和し、怪我や病気、そして生来のものにかかわらず神経機能障害を改善することで知られていた彼のシステムが、馬の作業能力と健康状態を高めることに特別な効果があることを、私はどこかで認識していたかのようでした。

1975年の7月に私は直感的な悟りを得ました。フェルデンクライス博士の指示に従い、63人の生徒とともに床に横たわっていた時のことです。ほんの2日目のことでしたが、動きによる気づき（Awareness through Movement）と呼ばれる一連の穏やかな動きの指導を受けていました。自分の体を、習慣化した動きではない方法で動かすことで、潜在的学習能力の向上や学習時間の画期的な短縮が可能になると、彼は話していました。こうした動きは、座っていても、立っていても、横たわっていてもできるもので、体の各部位に新しい感覚を与える、例えば、いつものやりやすい形とは違う形に指を組むなどのエクササイズからなります。

動きが、普段使われていない脳に通じる神経回路を活性化し、新しい脳細胞を目覚めさせるのです。私が最初に考えたのは「"習慣化していない"動きで自分が馬にできる、そして馬の学習能力を高めるものとはどのような動きだろうか」ということでした。

馬への初期のボディ・ワーク

その日の授業が終わった後、私は人間に友好的ではない16歳のアラブ種雌馬のところへ行きました。捕まえるのもむずかしくオーナーでさえ5分ほどかかり、餌を使ってやっと厩舎へ引き入れることができました。習慣的ではなく、しかし考えつく限り

12　はじめに

この若い犬 T レックスに耳の T タッチを行うことで落ち着かせています。

安全で快適な方法で、馬の体を 45 分ほど動かしました。唇、耳、肢、しっぽと、馬が自分では動かすことができない範囲と方向に優しく動かしたのです。体を新たに意識させることが、馬に自信を与えたらしく、明らかに友好的にもなりましたし、セッションの終わりにはとてもリラックスしていました。私は、そこで起きたことが非常に興味深いものであると考えながら帰宅しました。

翌日オーナーから、昨日の馬を捕まえようと外に出ると、その馬にはありえなかったことだが、すぐに捕まえて厩舎に入れることができたとの連絡を受けました。厩舎に連れて行くとオーナーの近くに立ち、まるで「あのボディ・ワークをもう少ししてもらえない？」と言っているかのようだったそうです。この話を聞いて、私は何か特別なことを始めているのだと確信しました。

その後の 4 年間、体を動かす方法と障害を歩かせる方法を開発しながら何百もの馬を扱いました。行動とバランスに目を見張る改善がみられたこと、またすべての馬の学習意欲と能力が高まったことを感じました。このように馬に行ったことをシステムにしたものが、テリントンタッチ・イクワイン・アウェアネス・メソッド（Tellington-Touch Equine Awareness Method）として知られるようになりました。現在では省略し TTEAM と呼んでいます。

T タッチの誕生

T タッチは 1983 年に誕生しました。私は Delaware Equine Veterinary Clinic でワークショップを行っていたのですが、そこでは 1 人の獣医師の家に泊まっていました。彼の妻ウェンディから、グルーミングにひどく抵抗する彼女のサラブレッドの雌馬をみて欲しいと頼まれました。耳をそらし、尾を振り回し、動き回り、明らかに不快そうな様子でした。鞍をつけるとその行動は繰り返され、時には後ろ肢を上げたり、蹴ったりもしました。

私はその馬に機能の統合を行うことから始めました。これは、より上級のフェルデンクライスの技法です。手を動かしているようには見えないほど、軽く触れるだけの最小限の動きをこの馬に施しました。するとウェンディも非常に驚いたことに、馬は頭を下げ、目を和らげ、静かに立ってリラックスし始めたのです。

ウェンディは自分の目を疑い私に尋ねました。「その秘密は何なの？エネルギーを使っているの？何をしたの？」

私は考えずに答えました。「私のしていることを心配しないで。馬の肩に手をのせて、円を描きながら皮膚を押してみて」自分でも自分の答えに驚きました。なぜなら、本当のことを言うと自分でもなぜそうしたのかわからなかったからです。

しかしそうは言わずに、ウェンディが小さな円を描きながら静かに馬の皮膚を押しているのを驚きをもってみつめていました。その間、馬は私がしていた時と同じように静かにしていました（これはその時に初めて行ったことであり、フェルデンクライスとは関係ありません）。私はその瞬間何かとても特別なことが起きたと感じました。その後、数カ月、数年、円を描く強さ、大きさ、速さをさまざまな形で試してきました。これが後にテリントンタッチやＴタッチとして知られるようになりました。動物の好みに応え、多くの異なる方法で、私は自分の手を動かしました。私の妹のロビンがフクロウのようにしっかりと観察をしてくれたため、私の手がどのような形をとっていたか、どのように動かしていたかを正確かつ明確にすることができ、これにより個々のＴタッチの詳細が明らかになりました。

今日のＴタッチ

それ以来、私達は多くの独特なＴタッチを開発してきました。それぞれが動物にわずかに異なる効果を与えます。多くのＴタッチを発見するにつれ、それぞれに名前が必要だと感じるようになりました。しかも普通の名前や数字ではなく、覚えやすいようにありふれていないクリエイティブな名前にしようと決めました。特別な思い出を呼び起こす、私がＴタッチを行った動物にちなんで名前をつけるのが理にかなっていると思いました。

クラウデッド レパード（ウンピョウ）のＴタッチという名前は、ロスアンジェルス動物園でＴタッチを行った生後３カ月のヒョウからとりました。あまりに早く離乳をしたために、何時間も続けて自分の肢を吸い、つま先をもむように動かすという神経性的な習癖を身につけていました。情緒面の問題に取り組み、リラックスさせるため、そして感覚を持たせるためにつま先に小さな円を描きました。ウンピョウの「ウン」つまり「雲」の部分は手全体が体に触れる軽さを表しており（雲のように軽いという意味です）、ヒョウは指の力の強さの範囲を表しています。ヒョウは軽いＴタッチのように軽くも、力を加えたＴタッチのように力強くも歩きます。

パイソン（ニシキヘビ）のＴタッチの名は、1987年にカリフォルニア州サンディエゴ動物園の後援で開かれた第20回動物園飼育者会議で私がデモンストレーションした体長３メートルものビルマニシキヘビのジョイスにちなんでいます。ジョイスは毎春繰り返し起こる肺炎に苦しんでいました。私が小さな円を描き始めると、びくびくしており、好んでいるようには見えま

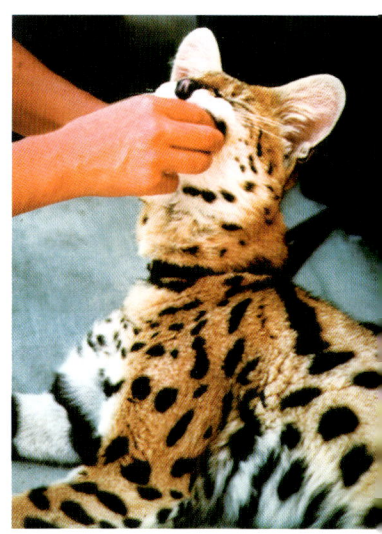

カリフォルニア州のワイルド・アニマル・パークで、ストレスと神経症的行動を軽減しようとサーヴァルに口のＴタッチを行っています。

心理学の研究に使われたことで負った感情的なトラウマを軽減しようと、マカクに口のTタッチを行っています。

せんでした。そこで直感的に肺を刺激するように体の下を持ち上げるゆっくりとした動きに変えました。数分後、ジョイスは身長いっぱいに体を伸ばし、そのまま少し自由に動かしました。数分後再び円を描き始めると、顔をこちらに向け私の顔を見ながら鼻先を手の上にのせるくらい完全にリラックスしました。

　Tタッチは動物に自信をつけさせ従順にし、その学習能力と意欲を高めます。動物に本能から反応するのではなく、考えることを教えます。動物の（または人間の）体に2センチごとに優しく円を描く、持ち上げる、すべらせるといった動きを使うシステムです。Tタッチの目的は、細胞の機能を活発化させ、細胞を目覚めさせることです。「体のスイッチをいれる」と喩えてもよいでしょう。Tタッチは体全体に行い、それぞれの円のタッチは、単独で完結します。したがって、怪我や病気の治癒を早めるため、もしくは望ましくない習慣や行動を変えるために解剖学を理解する必要はありません。

　細胞レベルでの痛みや恐怖を解放することが目的です。トラウマを受けた動物を扱い始めた20年前には、実際に目にしていることへの理解や研究はほとんどなされていませんでした。しかし神経科学者であるキャンディス・パートがその著書「Molecules of Emotions（情緒の分子）」のなかで、感情は私達の細胞のなかに閉じこめられ、神経伝達物質により脳に運ばれることを証明しました。虐待を受けたり、遺伝素因または社会化の欠如から臆病となった動物達、とくに犬を変えていくためにTタッチが効果を表すのは、こういった理由にあると信じています。

　Tタッチのことをあまりよく知らなくても、初めて試した人でも、多くの人から成功したという例が過去長年にわたって報告されています。私達もなぜ円のTタッチがそれほど効果的なのかは正確にはわかりません。おそらく動物と円の動きに込められた人の気持ちがその秘密なのかもしれません。

　コロラド州ボールダーにあるバイオフィードバック研究所の科学者達が、1と1/4の円のTタッチが、人間と馬の4つの異なる脳波を同時に刺激することを発見しました。普通に撫でることやマッサージ、また1カ所に複数の円を描くだけでは、この効果は表れません。彼らはマックスウェル・ケイドという科学者が発明した機械を使って調べました。彼は、この同時に動く4つの脳波の特定のパターンが、「目覚めた心の状態」と呼ばれる人間の脳が理想的に機能する型を表すことを発見したのです。これは高い創造能力を発揮する人やヒーラーの持つ脳波の型です。マックスウェル・ケイドの観察と私達の馬における研究

結果から、Tタッチは動物の学習能力を高めると考えられます。

犬に行うテリントンTタッチ・メソッド

犬、猫、馬、オランウータン、ハムスター、ユキヒョウ、ゾウ、クジラ、オウム、ラマ、チンパンジーなど、これまでTタッチで救われた動物達の数は増え続けています。私は仕事で世界各国を訪れましたが、動物との経験から常に何かを学んでいます。初期の頃の犬との経験が、興味深い発見につながりました。

1980年のことです。ショーンという名前のひどく神経質なオーストラリアン・シェパードに初めて「機能統合」を行いました。この犬には恐怖からくる「噛みぐせ」と、慢性的で絶え間なく吠え続けるという問題がありました。吠えている時にこの犬は、狭い歩幅で体を固くして歩き、頭を極端に高く上げていることに気づきました。この頃には、私は馬の姿勢を変えることで、行動を変えられることを知っていました。怖がって緊張した馬は頭を高くしています。頭を下げることを教えると、私はボディ・ワークとコンフィデンス・コースのラビリンスを歩かせますが、そうすることで馬がリラックスするのです。同じ技法をショーンに試してみると、呼吸が落ち着き、歩幅が大きくなり、動きがゆったりとし、かなりリラックスしました。数回のセッションの後、驚きそして嬉しいことに、ショーンの無駄吠えがコントロールできるようになり、噛むことが少なくなりました。飼い主は喜び、私はこういったタイプの問題を抱える犬を助ける希望を見出したことに感動しました。

犬と一緒に育った経験のない人達にとって、トレーニングはしばしば大きな挑戦となります。私は大農場で生まれ育ったので（8歳から自分の犬を飼い始めました）、オスワリやオイデ、マッテなどと言われたら犬は従うものだと思い込んでいました。思い返すと私の犬達は協力的でしたので楽なものでした。それはおそらく私の頭のなかに明確なイメージがあり、それを犬が理解したからだと思います。タイガーという5カ月齢のグレート・デーンの子犬を初めてホース・ショーに連れて行った時のことでした。馬のグルーミングをし、鞍を着ける間、馬用のトレーラーの脇でおとなしく待っているように言ったこともあります。その犬がウロウロとどこかへ行ってしまうことなど、私は想像すらしませんでした。

世界的に有名な科学者であるルパート・シェルドレイクが、その興味深い著書「Dogs That Know When Their Owners Are Coming Home（あなたの帰りがわかる犬）」のなかで、

映画「フリーウイリー」に出演したシャチのケイコです。ケイコは通常、知らない人に対して非常に神経質になるために、リラックスさせ自信をつけさせる必要がありました。撮影のため別の場所へ移動しなければならず、見知らぬ人たちにハンドリングされることになっていたのです。ケイコのTタッチへの反応はとても良く、体全体に行うことができました。

体のつながったライン上に円のTタッチを行うともっとも効果があります。ひとつ円を描き終えたら、次の円を描く位置まで手をすべらせます。

　お互い遠くに離れていても犬は人の気持ちを読むことができ、イメージを受け取ることもできると述べています。私の期待していることが明確であったために、私の犬達が協力的であったことを私は確信し、また不適切な行動を犬がとる時の多くの場合、これこそが成功と失敗の分かれ目であると理解しました。

　その後、テリントンTタッチは世界中の犬の飼い主、トレーナー、ブリーダー、獣医師、動物看護師、シェルターなどで用いられる手法となりました。Tタッチ・メソッドは力に頼らない陽性強化法のトレーニングアプローチをとっていますが、たんなるトレーニング方法というわけではありません。特定のTタッチ、リーディング・エクササイズ、コンフィデンス・コースと私達が呼ぶ障害を使ったエクササイズの組み合わせで、犬のパフォーマンスや健康を改善し、よくある問題行動を解決し、身体的な問題にも良い影響を与えます。病気や怪我からの回復を促し、動物のクオリティ・オブ・ライフ（QOL）を向上させます。多くの人々が、愛犬との関係がより深くなったと感じ、言葉によらない異種間コミュニケーションの喜びを体感しています。

　過度の吠え、または噛みつき、リードの引っ張り、飛びつき、攻撃性のある行動、恐怖からくる噛みつき、臆病、グルーミング嫌い、多動性、神経質、車酔い、股関節形成不全、雷や大きな音への恐怖などへの対処にも、テリントンTタッチ・メソッドは役立ちます。体のこわばりや関節炎、その他多くの行動や体の病気など加齢による問題にも効果があります。この本では、行動と体の問題を、それらに適切な推奨されるTタッチとともにわかりやすい一覧表に示しています。しかし問題行動を含む多くの場合、犬の体中に3種類のTタッチを施し、その後にコンフィデンス・コースでの数回のセッションを行うと、行動が改善します。表は皆様に秘訣をお伝えするためのもので、いったん始めたらあとは感じる

まま自分の直感を信じ、指の動きに従ってください。

　私の妹ロビン・フッドと開発したテリントンＴタッチ・メソッドは、11カ国語に訳された10冊の本、23本のビデオ、数え切れないほどの雑誌記事掲載、隔月発行のニュースレター、ヨーロッパ、オーストラリア、アメリカなどのテレビドキュメンタリー番組やラジオ番組を通して世界中に広まっています。12カ国に200人以上の公認のプラクティショナー（実践者）がいて、ワークショップや個別のセッションで犬へのＴタッチの方法を教えています。TTEAMのオフィスにお問い合わせいただければ、最寄りのプラクティショナーをご紹介します。ご質問やご自身のＴタッチ体験談を私達のニュースレターに掲載ご希望の場合には、この本の最後に記されている連絡先までご連絡ください。

Ｔタッチを自分にも試してみましょう

　マッサージが筋肉をリラックスさせることは、よく知られています。Ｔタッチはこの概念をより一歩進めたものです。あなたの犬が、新しい形で学習を始め、協力的になり、数回の短時間のセッションでその性格を永久に変えることとなります。1日に2〜10分のＴタッチを行うことで、想像もしていなかった結果が現れます。しばらくすると、犬から毎日のＴタッチ・セッションを要求されるようになる、と多くの人達が話しています。

　Ｔタッチのすばらしい点は、うまくやるために完璧な円を描かなくても良いということです。体の構造を知っている必要もありません。また同時にさまざまなＴタッチを行う必要もありません。最初はほんの数種類から始めて、だんだんとレパートリーを増やしていけば良いのです。通常、最初にお勧めするのはライイング レパードのＴタッチまたはクラウデッド レパードのＴタッチです。犬がもっとも喜ぶＴタッチをみつけてあげましょう。

犬の黄金律

　犬はその無条件の愛・友情・忠誠で、私達の生活をさまざまな形で豊かにしてくれます。そんな犬達にこの黄金律で報いてあげることができます。自分が接してもらいたいように、犬にも接しましょう。Ｔタッチ・メソッドを用いることで優しさと理解をもって犬の行動を変えていくことができます。そしてその態度は、あなたの家族や自分自身にも伝わります。犬だけではなく人間同士の幸福で健全な関係を築くために、気持ちを開いてくれるでしょう。

円のＴタッチで、犬との関係を深めることができます。また同時に犬の学習能力も高めることができます。

獣医師の見解

オーストリアのザルツブルグ近郊で動物病院を開業している獣医師のマルティナ・シメルマーは、10年以上テリントンTタッチ・メソッドを使っています。彼女はTタッチ・プラクティショナーになるため、私のもとで1990年にトレーニングを始め、ここ数年は、ウィーン獣医科大学で、「馬のためのボディ・ワークと行動療法」と題したセミナーを教えています。このセミナーはTタッチ・メソッドに基づいています。シメルマー博士は次のように述べています。

「私がテリントンTタッチ・メソッドのことを最初に聞いたのは、獣医学校に通い始めた頃です。私が最初のクラスを受けたのは、従来のどのような治療法にも反応を示さない馬のためでした。その馬をTタッチによって短期間で助けることができたことから、私は完全に魅了されました。何年も探し求めていた動物を扱う方法に、ついに出会ったのだとすぐに思いました。

しかし、科学に慣れた私は懐疑的でした。最初に見たとおり本当に良いものなのか、その新しいアプローチを試してみなければ気がすみません。学生時代に、すべてに疑問を持ち、注意深く観察するようにと教え込まれていたからです。その結果、最初の研究ではそのプロセスを文書に記録し、Tタッチ・トレーニング日誌をつけました。のちに、私がもっと経験を積んでからは、獣医学校で生徒達とTタッチのワーク・グループを始めました。ウィーン大学には寛容な先生方がいるので恵まれています。例えば、鍼治療を長年教えていますし、1989年と1990年にはリンダ・テリントン・ジョーンズが整形外科の客員教授をつとめています。1998年には同じ学部に私も雇われ「リハビリテーションと行動修正のボディ・ワーク」という選択コースを教え、24人の生徒がコースを修了しました。」

動物病院でのTタッチの用途

「自分の安全が最優先であることを常に意識してください。痛みのある犬は、通常は非常に優しい子であっても、反射的に歯を当てようとしたり噛んだりします。そのために危険の可能性のある状況では、口輪を用いるか犬を安全に保定してくれる人を

耳のTタッチは、ショックに陥った動物の命を救います。

獣医師の見解 19

ワンドを使って犬の体に触れるのは、怖がりの犬や攻撃的な犬とコンタクトをするのに最適な方法です。

用意しておくべきです。よくあることですが、Tタッチに集中しすぎて、自分のボディ・ランゲージに注意を払うことを忘れてしまうのです。犬に脅威となるジェスチャーや体の位置は避けましょう。例えば、犬に覆いかぶさったり、目をジッとみつめてはいけません。

- 神経質な動物とコンタクトするには、1秒のクラウデッド レパードのTタッチをランダムに使います。これで犬の信頼を得ることができ、診察が楽になります。
- 人に触わらせない、診させない場所がある場合には、ラクーンとクラウデッド レパードのTタッチをつながった線上で行います。
- Tタッチは、動物の恐怖や緊張を「解放」するだけではなく、疼痛治療の補助としてもすばらしいものです。Tタッチで怪我からの回復が早まります。レーザー治療と比べて、傷の治りがずっと早くなります。手はいつも「手元」にあり、複雑な機械よりもお金がかかりません。もちろん傷は洗浄・消毒し、しばしば縫合したり包帯を巻く必要がありますが、その包帯をしたところに、非常に軽い力で、ラクーンやライイング レパードのTタッチを行います。
- 関節炎や脊椎炎、変性した腰の病を抱える動物にTタッチ療法を補助的に用いると、とてもよく反応します。完治しない関節の病気との診断は、獣医師、そして特に飼い主に非常に挫折感を感じさせます。Tタッチを用いることで、飼い主は犬の痛みを和らげ、また薬の使用を最小限に抑えることができます。
- 正しく行えば、しっぽへのTタッチは背骨と椎間板の問題に効果があります。
- 大型で成長の早い犬種は、成長とその協調性に問題が起こ

ジグザグのTタッチは、つながっているTタッチのひとつです。

私の妹ロビン・フッドが、自分の犬のショーニーにライイング レパードのＴタッチをしているところです。

りがちですが、Ｔタッチで体の前から後ろまでのつながりを改善することができます。ジグザグのＴタッチ、タランチュラの鋤（すき）引き、つながった円は特に効果があります。

- 多くの犬が、歯垢、歯石、歯茎の炎症、穴のあいた虫歯など、再発性の歯と歯茎の病気で苦しんでいます。予防のためのケアには特別な食事や歯磨きが必要ですが、歯磨きは動物が口のＴタッチに慣れていると簡単に行うことができます。
- 耳を優しくマッサージすると、犬の心を短時間でつかむことができます。これは、リンダ・テリントン・ジョーンズのもっとも大切な発見のひとつです。耳のＴタッチは、通常行われる獣医療のレパートリーの一部に取り入れるべきものです。これにより命も救えます。事故後にショックを起こしている場合や、血液の循環不足、心臓発作、麻酔の後などに特に役立ちます。またこれほど重篤な場合でなくとも、車酔いなどの場合でも効果があります。

動物病院でのリーディング・エクササイズとグラウンド・ワーク

獣医師は動物の行動についてよく質問を受けます。「習慣化されていない」動きのグラウンド・ワーク（はじめにの項で触れているフェルデンクライスの概念）は、動物の身体的および感情的バランスを高めます。このワークにより集中力と協調性が大きく改善され、人も動物も学習された行動パターンを変えることができます。グラウンド・ワークの目標は、犬の体のバランスを整えることと、動物に楽しくストレスのない自身の体の感覚を体験させることです。しだいに、犬は本能的に反応するよりも、意識を持って行動できるようになります。

多くの問題を解決するのにすばらしい補助道具となるのが、正しい使い方をしたハルティやそれに似たヘッドカラー（76ページ）です。私達は、頸椎へのダメージを避けるため常にハルティをフラットタイプの首輪（チョークチェーンやチョークカラーではありません）かハーネスと合わせて使います。チョークチェーンを引くなどの従来の矯正方法が、犬の首や喉頭に深刻なダメージを与えることはよく知られています。

ボディ・ラップ（82ページ）を用いることで、怖がりな犬や過度に興奮する犬に包み込むような感覚を与えることで、より安心感を与えることができます。子供を対象とする心理学者は、パニック発作への対応として同様の「ラッピング」技術を用います。

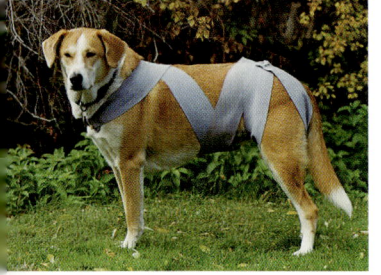

ボディ・ラップは、怖がりで過度に興奮しやすい犬、またはそのどちらかの場合にも、自分の体への安心感をより強く感じさせることに役立ちます。

ドッグトレーナーの経験

　スティーヴィ・アバツは、イギリスの行動コンサルタントであり、ドッグトレーナーでもあります。彼女は攻撃性やその他の問題行動を数多く解決してきたことで有名です。さまざまな犬種の多くの犬が間違った方法でシュッツフント（防衛）のトレーニングを受け、そのため周囲の人間に頼ろうとしなくなります。スティーヴィは、このような犬とその飼い主、そしてトレーナー達の駆け込み寺的な存在です。彼女はこう述べています。

　「私が初めてTタッチ・メソッドを知ったのは、1990年代初頭のある週末に行われたワークショップに参加した時でした。その考え方は興味深いものでしたが、同時にちょっと「ばかげている」と思い、自分自身では試してみませんでした。しかし1996年の夏に、家の近くでリンダ・テリントン・ジョーンズがクラスを開くと知り、参加してみようと思ったのです。終わる頃には、自分がクラスで見て学んだものに魅了されていました。リンダのデモンストレーションが私の興味に火をつけ、ついに自分でもTタッチを試してみる気になりました。それ以来、勉強できる機会をすべて利用しています。

　さまざまな問題を抱える犬が私のもとへやって来ます。ひどくエネルギッシュな犬、シャイな犬、攻撃性のある犬などのケースでみられる共通点として、ストレスがあります。ストレスがあると動物は新しいことを学習できなくなってしまいます。Tタッチの鎮静効果が役に立つのには、こういった理由からです。20分間のTタッチのセッションが、犬の緊張した体をリラックスさせるのを何度も目にしてきました。緊張が落ち着きと寛容さに代わり、犬が集中するようになります。

　ストレスが減少してくると、犬の自信が増してきます。望ましくない行動パターンを変えることができるようになるのです。飼い主が動物にボディ・ワークを行うと、お互いの関係が改善されてきますが、これは成功に向けての非常に重要なステップです。なぜなら私は仲介者にすぎず、家に犬を連れて帰り、新しい行動を教えるのは飼い主ですから。

口のTタッチは、感情をつかさどる大脳辺縁系に影響を与えます。

耳のTタッチを行っています。

グラウンド・エクササイズはいろいろな意味で非常に価値のあるものです。犬はさまざまなことに注意を払うことを学びます。犬が特定のエクササイズに集中することを学習すると「恐怖」から解放されます。競技会やアジリティにおいては、とても大切な体の動きとリズムが改善されます。さらに、グラウンド・ワークは犬のバランス感覚を育てるのに役立ちます。つまり人を引っ張ったり、頼ることなく、自分自身でバランスをとって立つことや座ることを学びます。言い換えれば、犬が自分の行動には自分で責任を持つことを学んでいるのです。行動問題を扱うにはこれがカギとなります。

ファーン：ジャーマン・シェパード

「ファーンは攻撃性の問題を長い間抱えた22カ月齢の雌のジャーマン・シェパードでした。私のところへ来る前には、近所の人を襲った経験もありました。私のリビングルームに入って来た時には怖がっているように見え、そして飼い主の脇に座り、頭を高く上げて私を見ていました。

ファーンにはTタッチが効くのではないかと思い、ファーンにハルティをつけても良いかと飼い主に尋ねました。私がボディ・ワークを始めた時は、飼い主がファーンを押さえていました。1、2分のTタッチを行い、5分の休憩をとったのですが、この犬にはこれで十分だと私は感じました。この2分間のセッションを数回繰り返すと、私がファーンの唇や歯茎に触っているあいだに、飼い主が手を放しても平気になったのです。その後、私は部屋から出ました。飼い主がその後の様子を観察していたのですが、ファーンは私が部屋から出ていくのをドアのそばに立ってじっと見ていたそうです。首をかしげ、しっぽを振っていました。こういった行動を見せるのは、通常飼い主が部屋から出ていった時だけだそうです。私は部屋に戻ってソファに腰かけ、ファーンを呼びました。ファーンはしっぽを振りながらやって来て、前足を私の膝にかけ、私の顔を舐めました。これには飼い主共々驚きました。

初めて会う犬に自己紹介の代わりに、Tタッチを行うことはすばらしいことです。こんなに短時間で犬と交流を持つことのできる方法を、私は他に知りません。ほとんどの人が用いている犬を撫でる方法では同じ効果はありません。」

愛犬をテストしてみよう―チェックリスト

あなたの愛犬に当てはまる問題はありますか？

　典型的な問題行動の多くをTタッチで解決することができます。下に示したリストで犬の行動と健康状態を確認してください。右欄がお勧めのTタッチとエクササイズです。もちろんこれらのTタッチは、獣医師のケアの代わりとなるものではありません。しかし、動物病院に行く途中や病気の予防、怪我や病気に対する獣医師の治療のサポートとしてTタッチを使うことは可能です。

行動と健康のチェック	あなたのできること
あなたの犬：	
他人や獣医師が怖い	耳のTタッチ、ライイング レパードのTタッチ
大きな音を怖がる	しっぽのTタッチ、口のTタッチ、ボディ・ラップ、耳のTタッチ
怖い時や興奮すると失禁する	耳のTタッチ、タイガーのTタッチ
制御できないほどの吠え	ハルティ、耳のTタッチ、ライイング レパードのTタッチ、口のTタッチ、しっぽのTタッチ、パイソンのリフト
多動	Tタッチの組み合わせ、クラウデッド レパードのTタッチ、ジグザグのTタッチ、ボディ・ラップ、ハルティ、耳のTタッチ、口のTタッチ
競技会前の緊張	耳のTタッチ、口のTタッチ、Tタッチの組み合わせ、牛のひとなめ
怖がり・不安	耳のTタッチ、口のTタッチ、レッグ・サークル、しっぽのTタッチ、ボディ・ラップ、クラウデッド レパードのTタッチ
臆病	ライイング レパードのTタッチ、しっぽのTタッチ、口のTタッチ、ボディ・ラップ
ものを噛む	口のTタッチ
他の犬への攻撃	ハルティ、クラウデッド レパードのTタッチ、ボディ・ラップ、他の犬とのリーディング・エクササイズ
猫への攻撃	ハルティ、猫と同時にTタッチ、ボディ・ラップ、カーミング・シグナル
リードを引っ張る	ハルティ、リーディング・エクササイズ、バランスリード、クラウデッド レパードのTタッチ、レッグ・サークル

歩く時に遅れがち	ハルティ、ダブル・ダイアモンド、リーディング・エクササイズ、ボディ・ラップ、耳のTタッチ、ライイング レパードとパイソンのリフトの組み合わせ
車で吐く	耳のTタッチ
車内での不安・興奮	耳のTタッチ、ハルティ、ボディ・ラップ、Tタッチの組み合わせ
グルーミングが嫌い	タランチュラの鋤引き、ヘアスライド、シープスキンを使ったTタッチ、Tタッチの組み合わせ、アバロニのTタッチ
お風呂が嫌い	耳のTタッチ、いくつかのTタッチの組み合わせ、ヘアスライド、お風呂の前後にレッグ・サークル
爪切りが困難	足へのパイソンのTタッチ、つま先と爪へのラクーンのTタッチ、レッグ・サークル、犬のつま先で行うTタッチ
怪我をした時	動物病院へ行くまでに：耳のTタッチ、傷の周りに優しくラクーンのTタッチ
治りかけの傷	ラクーンのTタッチ、傷の周りにライイング レパードのTタッチ
手術	耳のTタッチ、手術前後にライイング レパードのTタッチ
発熱	動物病院に行くまでに：耳のTタッチ
ショック状態（例えば事故の後など）	動物病院に行くまでに：**初めに耳のTタッチ、その後体全体にライイング レパードのTタッチ**
関節炎	パイソンのTタッチ、ラクーンのTタッチ、耳のTタッチ、ボディ・ラップ
股関節形成不全	毎日骨盤へのラクーンのTタッチ、パイソンのTタッチ、しっぽのTタッチ
歯の生え替わり時期	冷えたタオルで口のTタッチ
消化不良	耳のTタッチ、お腹のリフト、お腹へのライイング レパードのTタッチ
腹痛	動物病院に行くまでに：耳のTタッチ、お腹のリフト
敏感な耳	ラマのTタッチ、シープスキンを使ってのライイング レパードのTタッチ、頭を押さえながら耳へのサークル
硬直した関節	パイソンのTタッチ、Tタッチの組み合わせ

起き上がったり、階段の昇降が困難	ボディ・ラップ、お腹のリフト、パイソンのTタッチ、タランチュラの鋤引き、しっぽのTタッチ、耳のTタッチ、牛のひとなめ
アレルギー	クマのTタッチ、耳のTタッチ、クラウデッド レパードのTタッチ
かゆみ	タイガーのTタッチ、クマのTタッチ

雌犬：

呼吸困難	耳のTタッチ、しっぽのTタッチ、Tタッチの組み合わせたものを後ろ肢へ、クラウデッド レパードのTタッチ
妊娠中	お腹のリフト、お腹へライイング レパードのTタッチとTタッチの組み合わせ、ラクーンのTタッチ、耳のTタッチ、しっぽのTタッチ
出産	耳のTタッチ、ライイング レパードのTタッチ、パイソンのTタッチ、Tタッチの組み合わせ
子育て放棄	耳のTタッチ、口のTタッチ、暖めた布きれで乳首にライイング レパードのTタッチ

雄犬：

| 他の雄犬への攻撃性 | ハルティ、ラビリンス、ワンド、他の犬とのリーディング・エクササイズ、伝書鳩のジャーニー、去勢を考える |

子犬：

乳を飲まない	口のTタッチ、耳のTタッチ、舌に優しくTタッチ、体全体にライイング レパードのTタッチ
歯の生え替わり	口のTタッチ
爪切り	足へのパイソンのTタッチ、つま先と爪にラクーンのTタッチ
社会化時期	口のTタッチ、耳のTタッチ、クラウデッド レパードのTタッチ、しっぽのTタッチ、つま先にTタッチ

Tタッチ
細胞と神経回路の活性

耳へのTタッチで、ストレスを軽減し、免疫系を強くします。

なぜTタッチなのか？

「テリントンタッチ・メソッドは言葉によらない言語のようなものです」短い言葉でTタッチを表現する時に、私は好んでこのように伝えます。初めに書いたように、Tタッチのボディ・ワークの目標は、動物体内の細胞の機能と活力を刺激し、ふだん使われていない脳への神経経路を活性化することです。私達の行った研究では、円の動きが同時に4つの脳波型を活性化することがわかっています。さらにストレスを軽減するホルモンも排泄されます。Tタッチのさらなる効果として、飼い主が自分の犬に対する理解を深められること、犬が飼い主を信頼すること、そして犬が自分に自信を持つことなどがあげられます。犬の健康状態は改善されます。Tタッチのなかにはマッサージのようにみえるものもありますが、その目的は筋肉をリラックスさせるだけではなく、行動に変化をもたらすことです。

力の強さ

主な目的が筋肉をリラックスさせるというよりも、細胞と神経回路を活性化させることになるので、思っているよりも弱い力で行います。力の強さをわかりやすくするために尺度をつくりました。まず初めに、感触をしっかり確認するため、いろいろな力の強さを自分自身で試してみましょう。

ショーニーがリラックスして、タランチュラの鋤引きを楽しんでいます。

- 1度：もっとも弱い力です。手を支えるために親指を頬に置きます。中指の先端でまぶたを1と1/4の円を描きながら触ります。そっと触れる程度です。これを1度の強さとします。もっとも弱いものです（コンタクトレンズを装着している場合は、眉毛の上あたりで試してみてください）。
- 3度：1度の強さを前腕で試し、肌につく跡を見て

ください。再び目に戻り今度はまぶたに不快さを感じない程度の力を加えて円を描きながら押してみます。これが中程度の強さ、3度の強さです。
・6度：前腕で3度の強さを試し、筋肉にできるくぼみを確認してみてください。一番強い6度の強さとは、この3度の強さを倍にしたものです（強さに応じてできるくぼみを確認しましょう）。しかし実際には、6度の強さは犬にはほとんど使いません。
・犬のTタッチへの反応を見ながら、力の強さを調節しましょう。通常私が用いるのは、敏感な部分や痛みを伴わない場合に、3度か4度の強さです。敏感な部分にはもっとも力の弱い1度か2度を用います。

安全に行うために

自分の犬にTタッチを行うのであれば、突然予期していない反応などに不安になることがないよう、まず自分の犬を十分理解していなければなりません。それでも注意深く行うべきですし、扱う犬が初めて会う犬で、臆病であったり攻撃性のある場合には、特に気をつけましょう。
・臆病な犬や攻撃性のある犬の目をじっとみつめないでください。犬はこうされると脅かされていると感じます。見知らぬ犬には常に脇から近づき、この姿勢でTタッチを始めます。
・拒絶を示すような反応には、素早く対応しましょう。犬が不快に感じていると思ったら、力を弱めたり体の異なる部位へと移動します。
・Tタッチを受けている間、横になることを好む犬もいますが、立っていたり座っている方が安全に感じる犬もいます。自分自身も快適な姿勢をみつけてください。手首をまっすぐにしてリラックスできる状態で、呼吸は規則正しく行います。
・頭の部分にTタッチを行うのであれば、片方の手で犬の頭を支えます。腰や背中に問題のある犬の場合は、立っている犬のお腹のところに自分の手や膝を入れると、この腰や背中へのプレッシャーが軽減されます。
・落ち着きのない犬の首輪に親指を入れておくと頭部を安定させることができます。

ほとんどのTタッチは軽い力で行います。

落ち着かない犬は、親指を首輪に入れると安定させることができます。

クラウデッド レパードのTタッチ
楽しい、緊張がほぐれる、自信がつく

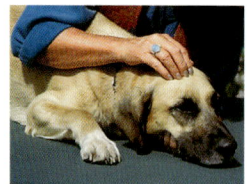

クラウデッド レパードのTタッチは基本となるTタッチです。他のすべての円を描くTタッチは、クラウデッド レパードのTタッチのバリエーションです。このTタッチを行うには、閉じた指の腹の部分をほんの少しカーブさせます。犬に合わせて、非常に弱い力や少し強めの力で行います。普段からTタッチを行うことで、信頼がさらに深まり、より協力的になるでしょう。このTタッチは神経質で心配性の犬に特に効果があることが証明されています。また、オビディエンス・トレーニングや競技会など、新しい環境や何かに挑戦するような状況で、犬に自信をつけさせることに役立ちます。

どのように行うか

頭から背中
犬の体全体にクラウデッド レパードのTタッチを行うと、自分の体をしっかりと意識させると同時に健康状態を高めることができます。頭の中心から始め、首や肩周りから背中にかけて、直線上にTタッチを行います。その線の近くの平行線上にTタッチを続けます。

前肢と後ろ肢
緊張したり、不安だったり、臆病な犬は、肢にTタッチを行うことで、自信をつけさせることができます。地面にしっかりつながっている感覚も得ます。肢の上部から始め、つま先に向かって移動します。円と円の間隔が均等になるよう心がけてください。犬は立っていても横たわっていても、快適な姿勢であればかまいません。

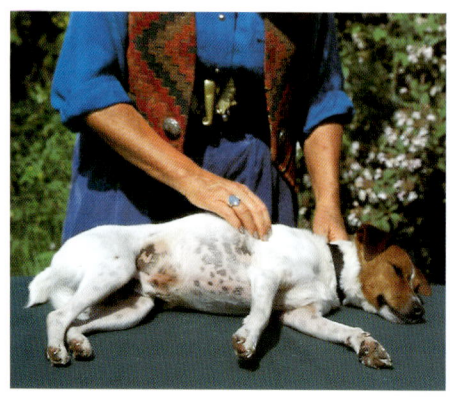

方 法

手（少しカーブさせて）を犬の体に置きます。指を軽く閉じ、1と1/4の円を描きながら皮膚を動かします。イラストの色のついたところが、犬の皮膚に当てる部分です。親指を犬の体に置き、他の指と連携させます。手首はできるだけまっすぐで柔軟に保ちます。自分の指、手、腕、肩すべてをリラックスさせてください。もう片方の手も犬の体に置きましょう。こうすることで自分のバランスをとることができます。6時から始めて時計回りに再び6時になるまで皮膚を押し、そのまま8時か9時のところまで続けます。この円を描くスピードは通常約2秒で、力の強さは2度から4度です。ひとつ円を描き終えたらすぐにその手を被毛の上をすべらせながら、背骨に沿って、または肢の下部など次の場所へと移動し続けます。

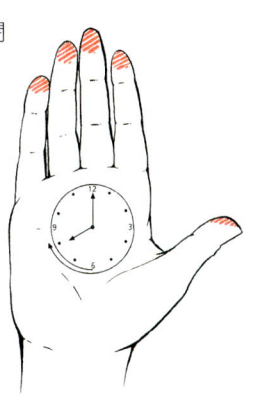

つま先

つま先にTタッチを受けることで、犬は地面にしっかりと足をつけ、足元がしっかりしてきます。このTタッチは爪切り前の準備にもなります。つま先に行う時には、力を中程度の強さにします。

このような場合はどうするか

犬がTタッチを好まず、避けようと動く

犬が神経質だったり非常に若い場合、犬が動いてしまわないように、初めは優しく抱きかかえなければならないかもしれません。また最初はおとなしかったのに、Tタッチを開始した途端、逃げだそうとするかもしれません。こういった場合には、多くの理由が考えられます。力が強すぎたのかもしれませんし、人の指が硬くなっていたり、人が息を止めていたり、1カ所でたくさんの円を描きすぎていたり、犬がある特定の場所への特定のTタッチには敏感だったりなどです。違う種類のTタッチを試してみたり、スピードを遅くしたり、力の加減を変えてみたり、犬が受け入れてくれる場所へ移動したりしてみましょう。

クラウデッド レパードの
Tタッチでは、円の動きを
指先で行います。

ケースヒストリー

ベラ、グレート・デーン
運動機能の問題

パティ・ダイクス：

「グレート・デーンのブリーダーから助けを求める連絡が入りました。ベラという名前の11カ月齢の雌犬のことを心配していました。背中が高く弧を描いたように曲がっており、歩く時に左後ろ肢が左前肢に交差してしまいます。それだけではなく、2週間のうちに8キログラムも体重が減ってしまい、指示された時にしか歩かなくなっていました。他人が触わろうとすると攻撃性もみせるようになっていたのです。

こういった症状の原因をつきとめようと、獣医師は飼い主にベラのレントゲン検査を勧めました。レントゲン写真を2セット撮ったのですが、正常であり何も異常はみつかりませんでした。ブリーダーは薬を処方されて、何の改善もみられなければまた病院に来るよう言われました。

その時点で、困り果てたベラの飼い主から私に電話があり、犬をみてくれないかと依頼されました。まず初めは筋肉の緊張を和らげ、犬から信頼を得るために、ライイング レパードのTタッチを硬く緊張した後ろ肢の内側に行いました。その後、外側に軽いクラウデッド レパードのTタッチを行いました。筋肉の緊張が多少和らいだのを感じた時に、手を止めて、飼い主に犬を数歩歩かせるように伝えました。驚いたことに、ベラは問題なく完璧に歩きました。

ブリーダーにTタッチの方法を教えて、ベラに1週間のうち数回はTタッチのセッションを行うことを勧めました。数日後、彼からベラの調子がとても良いという電話をもらいました。彼はこのTタッチを続け、ベラは健康な犬になりました。」

ケースヒストリー

ウィザード、セント・バーナード
関節炎

エレノア・ブランキャネル・ガーディナー：

「2年ほど前にリンダが私達の町で馬に関するワークショップを行いました。同じ時期に私のセント・バーナードのウィザードが、首にひどい関節炎の発作を起こしていました。曲げることもできず、曲げようとすると痛みで鳴き声をあげていたのです。横になってしか、食べることも飲むこともできませんでした。

リンダからクラウデッド レパードのTタッチを行うよう勧められました。その晩遅くに、ウィザードにTタッチを行いました。耳の後ろから始め、横に沿ってしっぽまで体全体にTタッチを行いました。

翌朝ウィザードが私のところへ、まるでもっとTタッチをしてくれと言っているかのようにしっぽを振りながら走って来ました。その日以来、それほどひどい関節炎は起こしていません。年に数回、いつも天気の変わり目ですが、ウィザードが私のところへ来て、Tタッチのセッションをねだります。

ウィザードがTタッチのセッションをねだるのは、首のこわばりが私にはまったく気づかないくらいの時です。関節炎がこんなに良くなったのは、これが理由かもしれません。ウィザードともどもリンダにはとても感謝しています。」

Tタッチを行う時は、いつももう片方の手で犬の頭を支えます。

ライイング レパードのTタッチ
より深いコネクション

ライイング レパードのTタッチを行うには、温かな接触部分が広くなるように手を柔らかく平らにします。平らにした手の指を軽い力で動かします。この優しいリラックスしたTタッチが、あなたと犬の間に信頼の絆をつくります。

 どのように行うか

頭から首
ほとんどすべての犬が頭を触わられ撫でられることを好みます。しかし、もし怖がっているようであれば、この部分に触れられることを嫌がることもあります。額や口の脇、マズルの下、首、体全体などへ優しいライイング レパードのTタッチを行うことで信頼を得てください。

肩
肩の筋肉の緊張が、犬の動きや呼吸の自由を制限してしまいます。手の温かさを通じて、この部分の筋肉を和らげ、恐怖心や不安、高い活動性を軽減します。

このような場合はどうするか

犬が逃げようとする

あなた自身がTタッチに集中し、外部の他のことに気をとられないようにします。均等な円を描くことと、手をリラックスさせソフトな状態に保つことに集中します。円を描く方向を反時計回りに変えてみて、犬が落ち着くかをみてみましょう。はじめのうちは、こちらを好みリラックスする動物もいます。しかし、しだいに時計回りの円に戻していかなければなりません。または、35ページの「このような場合はどうするか」で説明しているような方法を試してみるのも良いでしょう。

腿と肢

腰が悪い、集中的なトレーニング後に筋肉疲労を起こしている、大きな音を怖がる犬の内側と外側の腿にライイング レパードのTタッチを行うのは効果的です。腿の上部から始めつま先まで、線上に沿ってつながった円を描いていきます。1と1/4の円の終わりの9時のところで2秒ほど動きを止めます。

方法

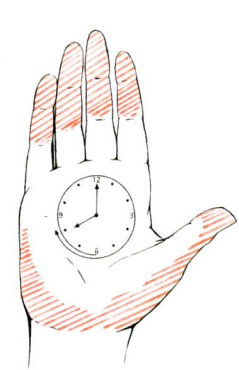

手を犬の体に置き、平らにした手の指で1と1/4の円を描くように皮膚を動かします。イラストを見てください。色のついた部分が通常体に接触しているところですが、場合によっては(犬の頭や肢にTタッチを行っている時)、手のひらの下の部分は犬につけないようにします。この場合は手首がまっすぐにならないからです。片方の手も犬の体に置いておきます。6時から始め、通常は時計回りに1と1/4の円を描きながら皮膚を押します。親指は被毛の上にのせておき、他の指との連携を保つようにします。ゆっくりと弱い力で円を描くことをお勧めします。通常ひとつの円を描くのに2秒くらいかけます。ひとつ終わったら、数センチ離れたところへ手を被毛の上をすべらせながら移動し続けます。

パイソンのＴタッチ
リラックスと循環の刺激

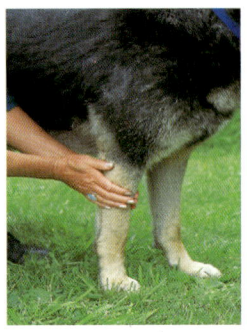

パイソンのＴタッチは、特に臆病な、緊張した、不安な犬に効果があります。恐怖や緊張は自信を失わせるだけでなく循環を妨げます。パイソンのＴタッチを犬の肢に行うことで、循環を高め、結果として、自信を持つことにつながります。例えば、災害救助や動物介在療法などの現場で働く仕事量の多い犬は、パイソンのＴタッチにより、緊張し痛んだ筋肉が和ぎます。このＴタッチは、同時に、犬の運動能力、バランス、そして歩調を改善します。犬の肩、背中、お腹などに行います。また犬の肢に行う時には、写真のようにしてください。

🐾 どのように行うか

前肢
　脇から犬に近づき、肘部分から下に手全体を当てます。大型犬に行う時は、両手を使いましょう。小型犬の場合は指だけでもかまいません。最初のパイソンのＴタッチの後、手を下方にすべらせ次のタッチを行います。このようにしてつま先まで続けます。

後ろ肢の上部
　平らにした手で腿を包み込み、腿の外側に親指を置きます。安全のため、かがみ込むのは犬をよく知っている場合、噛みつこうとしたりしないことが確実な場合のみにします。この部分へのＴタッチは、特に大きな音を怖がる犬に効果的です。

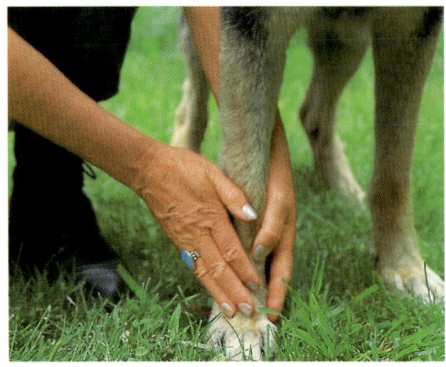

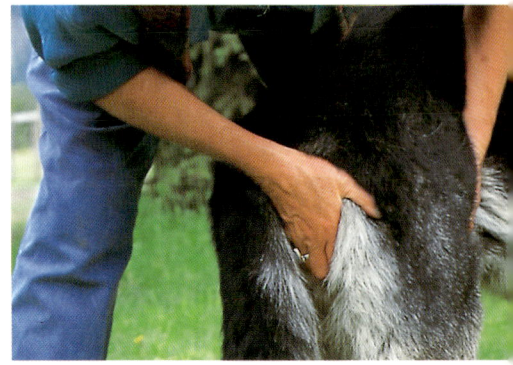

このような場合はどうするか

犬がTタッチを受けたがらない

　極端な場合、例えば、犬が噛みつこうとしたり噛んだりするならば、ワンド（杖）を使いTタッチに慣らしていく方法があります。ワンドを使うことで、安全な距離を保つことが可能になります。犬が威嚇するような態度をみせていないまでも、触れられることを不快に感じているようならば、手の裏側を使うか、シープスキンか柔らかい素材でできた手袋などを使いましょう。

後ろ肢下部

　後ろ肢の下の部分は細いので、両手または片手で包み込むことができます。あなたとあなたの犬がもっとも楽な姿勢でいられる形でパイソンのTタッチを行いましょう。つま先までたどりつき肢が終わったら、肢全体、上から下までノアのマーチを行います。

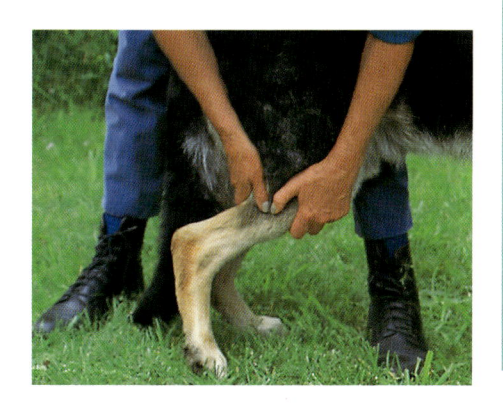

方 法

パイソンのTタッチ

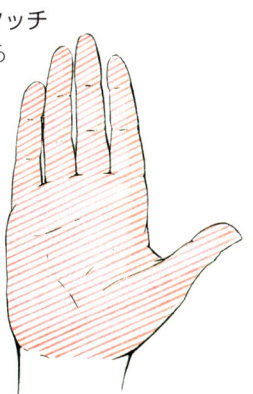

　手全体、平らにした手のひらを体に置きます。優しくゆっくりと皮膚と筋肉を上に向かって動かします。動きに合わせて呼吸をし、数秒間止めます。もう片方の手で、犬の首輪をつかんで犬を支えます。または、犬の胸に手を当てて支えることで安定させられます。接触部分や力の強さを変えずに、皮膚をスタートしたところまでゆっくりと戻します。上にあげる時の倍の時間をかけて、皮膚を下に降ろすと、さらなるリラックス効果が期待できます。パイソンのTタッチを肢に行う時は、2〜5センチごとにつま先に至るまで続けます。体の場合、距離を均等にし平行線に沿って行いましょう。

Tタッチの組み合わせ

　これは円のTタッチとパイソンのTタッチの組み合わせです。円の動きが意識を高め、持ち上げる動きがリラックスと循環効果をもたらし、深い呼吸を促します。円のTタッチの最後、9時のところで皮膚をまっすぐ上にあげ、再び下ろします。持ち上げる時に息を吸い込み、下ろす時に息を吐き出すようにします。ひとつ終わったら、手を数センチ離れたところへ被毛の上をすべらせながら移動し続けます。

アバロニのTタッチ
敏感、怖がり、病気の犬に

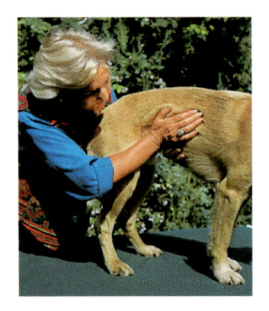

のひらを完全に広げた状態で触れることで、温かさと安心感を与えることができるので、このTタッチは敏感な犬や、病気や怪我をした犬に理想的です。神経質な動物を落ち着かせ、リラックスさせられます。触られることやブラッシングに非常に敏感な犬は、アバロニのTタッチで、恐怖や抵抗を克服することができます。

方　法

アバロニのTタッチを行うには、手を平らにして犬の体に置きます。手全体で、通常の1と1/4の円を描くように皮膚を動かします。手が皮膚の表面をすべらず、実際に皮膚を動かすくらいの強さで行うことが大切です。アバロニはライイング レパードのTタッチと非常に似ていますが、（指ではなく）手のひら全体で円を描きながら皮膚を押すので、簡単に行えます。

どのように行うか

肩

アバロニのTタッチは神経質な犬を落ち着かせ、犬の肩部分の緊張と痛む筋肉を和らげるのに最適です。手の持つ温かみが、この効果に大きく貢献しています。犬がフセをしていると（写真中ロビンの犬ショーニーのように）、両肩に触りやすくなります。

ラマのTタッチ
触わられることを好まない犬に

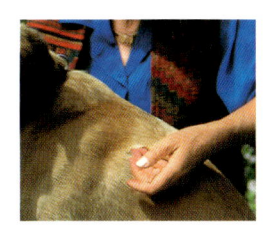

ラマのTタッチは指の背で行います。神経質で怖がりの犬には、手の裏側の方が恐怖を感じる度合いが少ないのです。こういった犬には最初にこのTタッチを使いましょう。犬があなたを信頼し始めたら、他のTタッチも行えます。

方　法

ラマのTタッチでは、1と1/4の円を描くのに手や指の裏側を使います。力は常に弱めにしてください。関節部分のみ、または手全体を使います。いつものように6時で始め、皮膚を押しながら1と1/4の円を描きます。

どのように行うか

脇腹

怖がっている犬はしばしば震えており、非常に緊張しています。この写真では、私はジャックラッセル・テリアのバンディットの肩を優しく押さえています。なだめるように声をかけながら、犬の緊張をほぐすように、手の裏側（ラマのTタッチ）で脇を触わります。

このような場合はどうするか

犬が触わられるのを嫌がったら

こういった場合は、しばしばラマのTタッチが適当です。多くの犬は開いた手のひらはつかまれそうで怖いと思うので、怖がりの犬に対して、初めはいつも手の裏側で触わる方が良いでしょう。この方が恐怖を感じる度合いが少ないので、多くの犬がすぐにソフトなタッチを受け入れるようになるでしょう。

ラクーンのTタッチ
怪我、腫れ、体の敏感な部分

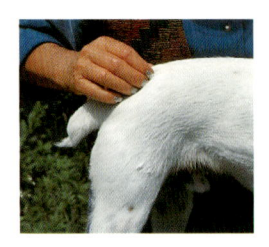

小さな弱い力の円をラクーンのTタッチと呼びます。これは腫れをひかせたり、股関節形成不全による痛みや、犬の肉球や爪などの敏感さを軽減する効果があります。できる限り弱い力でラクーンのTタッチを行うことで、短時間で痛みを減らせます。またこのTタッチにより、回復力がアップし、体の適切な部位により意識を持たせることが可能になります。

どのように行うか

背中と腿

　筋肉が緊張していると、犬は神経質になったり過剰に活動的になったりするので、背中や腿の痛み、緊張には非常に軽いラクーンのTタッチをお勧めします。肢を怪我したことのある犬は、治った後でもその部分を気にする癖がついていることがあります。このような場合には、ラクーンのTタッチで、神経系統を再教育すると良いでしょう。細胞レベルでの痛みの記憶を解放し、肢は治っているのだから、もう体重をかけても大丈夫だという意識を高めるのです。

しっぽ

　この写真では、私は右手を使って断尾したしっぽに非常に軽いラクーンのTタッチを行い、左手で背骨を押さえています。しっぽや肢を切断すると、生涯にわたり錯覚による痛みを感じます。こういった痛みの記憶を消し去り、小さな非常に力の弱い円を切断部分に何度も行うことで不安な感覚を取り去ることができます。さらに断尾されたしっぽは、しばしば非常に緊張しているので、ラクーンのTタッチでこの緊張感を和らげることができます。また、断尾されたしっぽに十分な長さがあれば、親指でしっぽの片側を優しく押さえて、親指とその他の指を連携させます。

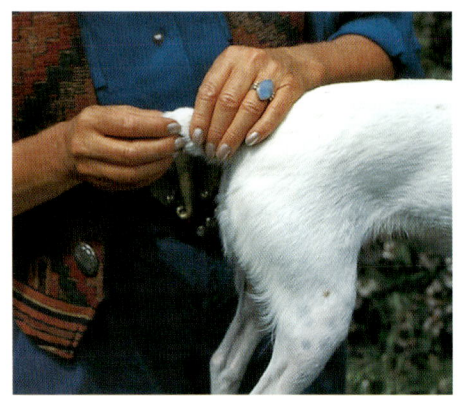

ラクーンのTタッチ **39**

方　法

　90度の角度に曲げた指の先端で、1と1/4の円を小さく描きながら皮膚を動かします。このTタッチはごく軽い力しか必要ありません。断尾されたしっぽに十分な長さがあれば、しっぽの反対側を親指で押さえます。こうすることで、親指とその他の指を連携させます。

　親指を使わなくてもラクーンのTタッチを行うことができます。例えば、肢や頭など、親指を置くだけの十分なスペースがない部位もたくさんあります。もう片方の手を近くに置き、犬が体のバランスをとって安定した状態でいられるようにしましょう。犬が落ち着かず、じっと立ったままでいられないようであれば、首輪に親指を入れて静かにさせます。円を丸く描くことを意識してください。断尾により残ってしまったトラウマを解放するのに役立つ接触を、ひとつの円を約1秒で描くことによって神経システムに記憶させます。

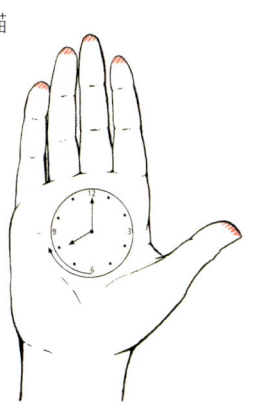

しっぽ

　この写真では、犬のしっぽ部分にラクーンのTタッチをする時にさまざまな方法があることを示しています。左手で犬の胴体部分を支えています。背中と腿の筋肉が非常にリラックスしているのがわかるでしょう。こうするとしっぽへのラクーンのTタッチが、より効果的なものになります。

このような場合はどうするか

犬がじっと立っていない

　立っていることを嫌がるようであれば、オスワリやフセをさせてもかまいません。落ち着かないようであれば、犬の体を固定するために首輪の後ろに親指を入れても良いでしょう。

ケースヒストリー

メラニー
飼育放棄されたゴールデン・レトリーバー

バーバラ・ペニシー：

「メラニーは、3年ほど前にシェルターから保護された犬です。しばらくの間ひどい環境のなかで1頭で暮らしていたのですが、その間に扱いにくくもなっていました。家庭犬と呼ぶにはほど遠いものでした。

メラニーを保護した時には、耳、肢、しっぽには触われませんでした。しっぽに触れようとすると、噛みついてきました。しかし、触わることができるようになれば、メラニーも私に心を許してくれるだろうと思いました。Tタッチがカギとなりました。

持っていた限りのTタッチに関する記事すべてを読み返し、メラニーに試してみました。直感に従い、円のTタッチ、耳のTタッチ、コネクティングのTタッチを体全体に行いました。

何度かセッションを行いましたが、すぐにメラニーはリラックスしました。今では、メラニーはTタッチやグルーミングを楽しんでおり、私にはとてもよく従います。喜びと幸せで輝くメラニーは、私の親友となりました。」

しっぽにTタッチを行うと、恐怖心や不安感を克服させるのに役立ちます。

足先が非常に敏感な犬には、ラクーンのTタッチが効果的です。

ケースヒストリー

体力のない子犬

リンデン・スピア：

「10頭の子犬が生まれたのですが、そのうちの1頭は明らかに他の子より小さかったのです。体力がなく、ミルクを飲みません。こういった子犬を哺乳瓶で育てることは可能ですが、重要な抗体を含む母乳を飲むことも大切なのです。

この子犬の口を母犬の乳首に近づけましたが、吸いつこうとしません。ラクーンのTタッチを顔とマズル部分に行い、耳にもTタッチを行いました。するとTタッチにより刺激を受けた子犬はミルクを飲み始めました。

初めの2週間は、私がTタッチをした時だけ乳を飲むことができました。母乳に加え、ミルクの代わりになるものを与えながら、Tタッチを続けました。刺激を与えようと、レッグ・サークル、パイソンのTタッチ、タランチュラの鋤引き、円のTタッチなどを体全体に行いました。2週間後には、Tタッチなしでも母乳を飲めるようになりました。

それでも兄弟達に比べ小さかったので、子犬用のフードが食べられるようになるまで、ミルクの代わりになるものを与え続けました。この子犬は幸運にも乳離れの時まで、兄弟犬達と一緒にいられました。多くの場合、こういった体力のない犬は、命を救うために兄弟犬達から離されてしまいます。その結果、社会化の問題を抱えてしまうのです。

Tタッチを行ったことで、子犬の命が救われ、家族と一緒に育つことができたのだと確信しています。」

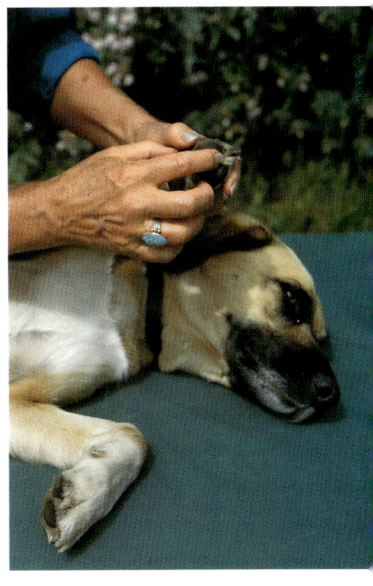

そして肉球も…

クマのTタッチ
かゆいところを治す

クマのTタッチを行うには、指を犬の体に対して90度の角度に曲げ、指のはらというよりは、爪の先で円を描きます。ラクーンのTタッチとクマのTタッチの違いは、ラクーンのTタッチは指の先端で行うのに対し、クマのTタッチは爪の先を直接体に当てるところです。

方　法

指の第一関節で皮膚を押すようにします。主に爪の先で１と１/４の円を描くようにしましょう。筋肉の多い部位に行う場合には、爪と指先で筋肉の上の皮膚を転がし、小さな円を描きます。指はぴったりとくっつけます。クマのTタッチを効果的に行うには、中程度の爪の長さが適しています。つまり３ミリから６ミリくらいです。まず自分で、爪をどのくらい感じるか試してみてください。力の強さは１度から４度と幅があります。冷たく湿らせた布をかゆみのある部位に置いて、その上からクマのTタッチを行っても良いでしょう。虫刺され、皮膚のアレルギー症状、湿疹に対処する場合は、１度から３度と力を弱くします。

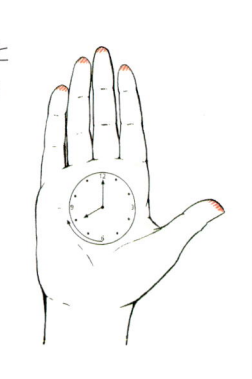

🐾 どのように行うか

脇腹と背中

もっとも弱い力で行うことが非常に大切です。改善がみられるのは、力の強さによるのではなく、体のその部位への意識が高まることによるからです。

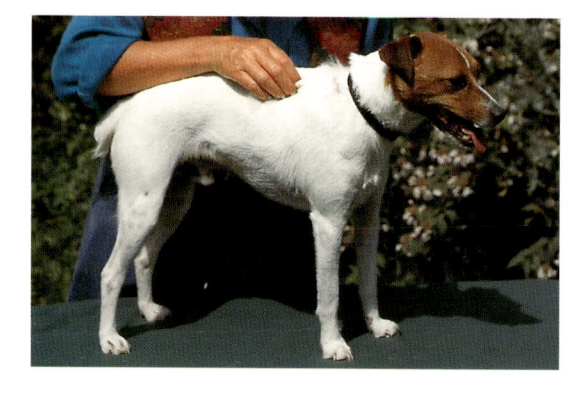

タイガーのTタッチ
皮膚のかゆみを和らげ、犬を落ち着かせる

体の広い部分のかゆみを和らげたい、または非常に活発な犬や筋肉質の犬にはタイガーのTタッチを用います。落ち着きのない動物にTタッチを始める時にも、このTタッチを使うことができます。

どのように行うか

首と体

体のほぼすべての部位にタイガーのTタッチを行うことができます。犬が神経質であったり、落ち着きがない場合には、初めは円を素早く描きます。その後、ゆっくりにし、動物が落ち着くかを観察します。かゆいことろや湿疹がでている場合は、ゆっくりと円を描き、犬が受け入れられる程度の弱い力で行います。湿疹で皮膚が炎症を起こしていたり、傷のある場合には、清潔な布をかけて、その上からTタッチを行います。

方 法

タイガーのTタッチを行う時は、手を大きな犬の足（肉球）のようにします。指を曲げ、それぞれ3.8センチくらい間をあけます。指の先端が被毛の下の皮膚を感じられる程度に曲げます。指の間隔を同じくらいに保ち、すべての指で同時に1と1/4の円を描きます。親指で円は描きませんが、体との安定した関係は維持しておきます。犬を静かにさせるため、もう片方の手を犬の体にのせておきましょう。

タランチュラの鋤引き

体に触わられることに慣らし、循環を刺激する

タランチュラのTタッチは、古代モンゴル方式の「スキンローリング」のバリエーションです。恐怖をなくし、触れられることに慣れさせ、循環を刺激します。したがって、触れられることに敏感な犬や体への意識が弱い犬に効果があります。また、あなたへの信頼度を増すことにも役立つでしょう。リラックス効果を体験するため、自分や周りの人にタランチュラのTタッチを試してみてください。

このような場合はどうするか

腰周りへのTタッチを嫌がり唸る

その代わりに首から始め、しっぽへと移動していきましょう。力をしだいに弱くし、動きもゆっくりにします。腰周りに痛みがあるのかもしれません。怖いのかもしれません。そうであれば、初めは違う種類のTタッチを行うか、ワンド（杖）で優しく腰周りに触ってみます。ワンドの先端部分で円を描いても良いでしょう。

どのように行うか

1. しっぽ部分に手を置き、犬の頭に向かって移動します。循環を高めるためには、被毛の層に逆らうように指を動かしますが、犬が不安そうな場合は頭から始めてしっぽへと移動してもかまいません。

2. 両手の人差し指と中指で、神経反応を活性化しながら「前進」し、親指は皮膚を持ち上げるように動かします。

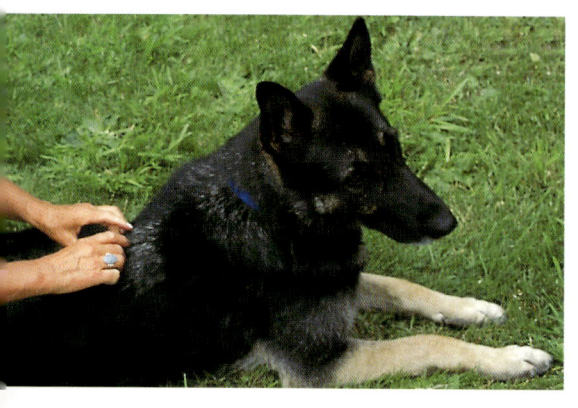

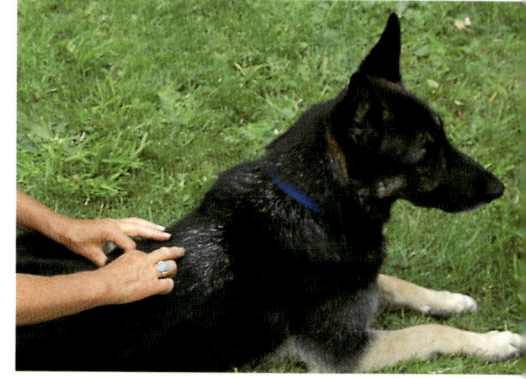

方　法

　手を平行に犬の体の上に置きます。指の先端を前方に向かって「歩かせ」ます。両親指は横に並べ、それぞれが軽く触れる程度にします。両方の人差し指を同時に 2.5 センチほど「1歩」進めますが、この時、両親指が鋤のように後からついて行くようにします。親指の前にある皮膚を優しくロールします。次は中指を1歩進めます。人差し指と中指は交互に動かし、それに親指がついていく形です。すべて均等な流れるような動きで行わなければなりません。しっぽから頭まで、犬の脊椎と平行な部分に、こういった線をいくつか描いてみましょう。

3．親指を中心に、毛皮の上を歩くクモのように指を動かしてください。このように犬の背中から頭、そして鼻の先端まで指を移動し続けます。

ケースヒストリー

シンバ、8歳、雄、コリー
麻痺で苦しむ

　車の事故にあった後、シンバの後ろ肢は部分的に麻痺していました。麻痺が治る見込みもありました。シンバの飼い主は、獣医師からTタッチのことを聞き、犬の助けになればと、いくつかのタッチを試してみました。何度かセッションを行った後、タランチュラのTタッチを行った後は、シンバがほんの少し動けるようになっていること、そして明らかに楽しんでいることに気づいたのです。これに勇気づけられ、他のTタッチと併せて刺激を与えるタランチュラのTタッチを続けました。奇跡的なことに数カ月後、シンバは再び歩くことができるようになりました。

ヘアスライド

リラックス

ヘアスライドは、人と犬の双方にとってリラックス効果があるため、犬との関係を持つにはすばらしい方法です。ヘアスライドが良い経験となるので、グルーミングを怖がる犬に役立つでしょう。

どのように行うか

頭

ほとんどの犬が、ゆったりとした優しいヘアスライドを頭に受けることを好みます。このTタッチで、怖がりの犬を落ち着かせ、特別な関係を築くことができます。ヘアスライドはまた、パニック発作に苦しむ犬や、ひっきりなしに吠えたり鳴いたりしている犬にも効果的です。マズルの下に片方の手を当てて、頭を安定させましょう。

肩

リードを引っ張ったり、過度に活動的、神経質、興奮性な犬達は、たいてい非常に肩がこっています。それをほぐすため、ヘアスライドを試してみてください。平らにひらいた手の指で広範囲にヘアスライドを行うと、深いリラックス効果が得られます。もう片方の手で、反対側の肩を支えてください。長毛の犬は指の間隔を開き、毛のなかを先端に向かってすべらせます。

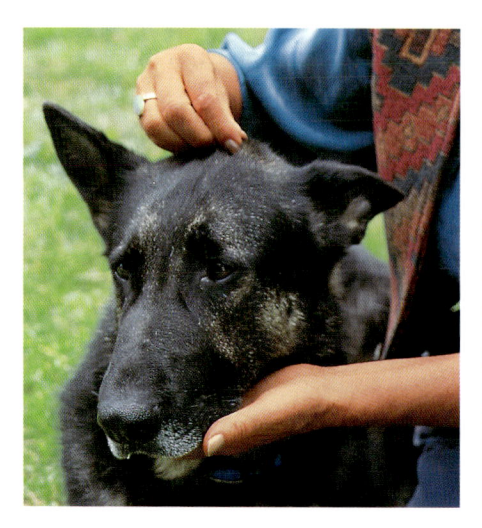

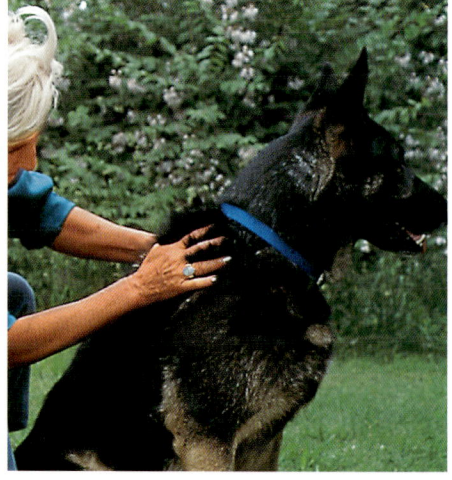

このような場合はどうするか

ヘアスライドを行うには、犬の毛が短すぎる

親指と人差し指で優しく犬の皮膚を引き上げ、毛まですべらせます。皮膚を放す時はゆっくりと行うことを忘れずに。

方　法

親指と人差し指の間、もしくは平らにした指の間に、犬の毛をいくらか挟み込み、優しく根本から先端まですべりあげるように動かしてください。できるだけ毛根近くから始めて、毛の層に沿って動かします。ゆっくりと優しくヘアスライドを行えば、犬と落ち着いた深い関係を築けます。注：長毛の犬の場合、人間が自分の髪の毛に指を通す時のように、優しく引っ張るように行います。

ケースヒストリー

マキシー、飼育放棄された雄犬
推定3歳

マキシーは、さまよい歩いているところを保護され、動物シェルターに連れてこられました。マキシーは長毛でしたが、その毛は完全にもつれきっていました。非常に怖がっていたので、毛を刈ってしまうことはできませんでした。新しい飼い主は、そのもつれを手で直そうとしたのです。ヘアスライドをすることで、飼い主は犬の信頼を得ることができ、ブラシをかけたり部分的に毛を刈ることまでできるようになりました。ブラシをかける前とかけている最中にＴタッチを行いました。終わった後にも、優しくヘアスライドを行いました。グルーミング過程の各段階にかける時間はあえて短くしていました。これはマキシーのストレスを最小限に抑えるためと、もつれた毛をほぐすのを可能にするためです。多くのトリマー達が、グルーミングに抵抗する犬のストレスを減らし、リラックスさせるためにＴタッチを用いる価値があると実感しているようです。

背中

まだ他のＴタッチを快く受け入れない犬には、ヘアスライドを楽しいＴタッチのボディ・ワークへの導入として使います。犬の背中にヘアスライドを行うと、優しく愛情のこもった方法で、意識と柔軟性をさらに高めることができます。背中の広い範囲には手全体を、小さな部分には指を用いましょう。

牛のひとなめ

体への意識を高め、循環を刺激する

牛のひとなめとは、長く斜めに犬の体を撫でる動きです。リラックス効果と、循環を刺激し、動物が自分の体への意識を高める効果があります。被毛の層を横切るように、または被毛の層に逆らって行われるこのTタッチを、特に犬は喜びます。手をお腹から背中へ、両肩をつなぐように動かし、体を広範囲にわたってカバーすることで、犬の健康への意識を良い方向へ持っていくことができます。

どのように行うか

牛のひとなめは犬の体全体を、お腹から背中、頭からしっぽへとつないでいきます。さらに、循環を刺激するのです。私は背中の終わりあたりから始め、指を少し開いた手を、被毛の層に逆らってすべらせます。雄の雑種犬ギムリはTタッチを非常に楽しんでいます。頭を下げて、しっぽもリラックスしています。

ギムリの背中から肩に向かって、ゆっくりと手をすべらせています。左手を使って犬を安定させています。手首はまっすぐにし、指から力を抜いて開いています。こうすることで犬の被毛のなかを優しくスムーズにすべらすことができます。

この牛のひとなめをちょうど両目の間となる頭部で終わらせます。この後も体全体に、脊椎の右脇、左脇と交互に行います。

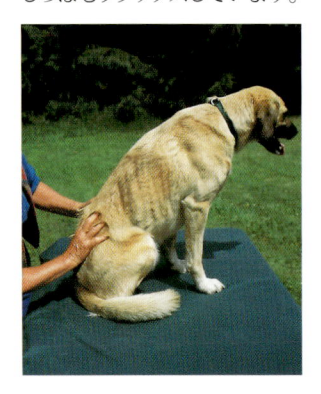

牛のひとなめ **49**

ケースヒストリー

ポール、ハスキー雑種
背中の痛み

　アジリティのクラスでポールにやる気を起こさせるのは、なかなかむずかしいことでした。背中が硬化しているので、他の犬のように速くこなせなかったのです。ボディ・ワークの特に牛のひとなめにより、背中がよく動くようになりました。また、飼い主は精神的問題だと考えていたことが身体的な問題だとわかり、犬へ過度な要求はしなくなりました。結果として、ポールはより協力的になり、トレーニングクラスや競技会で楽しく動けるようになりました。

このような場合はどうするか

このTタッチをする時に
犬が横たわらない

　牛のひとなめは、犬がこれは楽しいものだと理解し、自ら横たわるまで、立っていても座っていても行えます。手の動きは柔らかく優しくし、ゆっくり落ち着いて呼吸をすることを忘れないようにしてください。グルーミング・テーブルを使うことも考慮してみましょう。

方　法

1．お腹から始めて、ゆっくりと被毛のなかを手をすべらせながら、上に向けて移動させます。指は曲げて少し間隔をあけておきましょう。
注：首輪を左手で軽く押さえています。

2．指をリラックスさせ、手を上に向かってすべらせます。動きはできるだけなめらかにしましょう。

3．最初のタッチを終えた後、手の大きさ分くらい、犬の腰方向へ移動します。そして体全体をカバーするまで同じ過程を繰り返します。肢や肩にも行います。

4．犬がグルーミング・テーブルの上にのっている場合は、イラストのような撫で方も可能です。手を移動させる距離は犬の大きさによります。必ず体全体をカバーしましょう。

ノアのマーチ
Ｔタッチ・セッションの始めと終わりに行う

ノアのマーチはＴタッチ・セッションの始めと終わりに使うＴタッチです。最初は犬に自己紹介するように、この長く落ち着く毛並みを撫でるタッチを行い、Ｔタッチ・セッションの終わりには、タッチを行った場所すべてをつなぐように、体全体を撫でます。円のＴタッチで体の特定部位の細胞を目覚めさせます。ノアのマーチではタッチを行った場所を再統合させます。

方　法

手を平らに柔軟にし、体の輪郭に沿って行います。長く全体をカバーするように撫で、指はリラックスさせましょう。初めての犬に行う時は、数回静かにゆっくりと、短いノアのマーチで接触を持つことから始めます。こういった犬には、正面からではなく脇から、そして静かな柔らかい声で話しかけながら近づきます。Ｔタッチ・セッションを終える時には、長くゆっくりとした、体全体をカバーするようなタッチにします。体からしっぽ、足からつま先までの隅々まですべてをカバーするようにしましょう。

ジグザグのTタッチ
体を刺激し、循環を改善する

ジグザグのTタッチは、牛のひとなめのバリエーションです。犬の体を撫でる時、その毛並みに沿わせたり、逆にしたりと方向を変えていくからです。このTタッチは、神経質な犬や過度に活動的な犬の注意をひくのに役立ちます。ゆっくり行えば落ち着かせることができ、また素早く行えば神経反応を活性化できます。

方　法

ジグザグのTタッチという名前が、どうやって行うかを表しています。指を開いて、線上ところどころに角度をつけながら、手を動かしていきます。毛並みに沿ったり、逆にしたりして手をすべらせます。手首はまっすぐに保ち、指は間隔をあけて開き、リラックスさせます。落ち着かない犬に行う場合には、初めは手を素早く動かし、しだいにゆっくりにしていきます。動きの緩慢な犬を活発にしたい場合は、素早いタッチにしましょう。

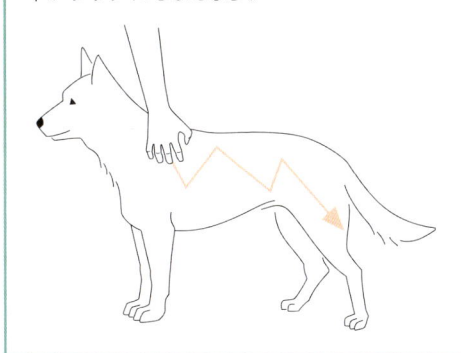

ジグザグのTタッチを肩から始め、肋骨部分から腿まで手を上下に動かし体全体に行います。

お腹のリフト
ストレスと緊張を軽減する

お腹のリフトは腹部の筋肉をリラックスさせ、深い呼吸をさせるのに役に立ちます。消化器系の問題のある犬や神経質な犬に特に効果的です。妊娠中の雌犬も、このTタッチを好みます。また、立ち上がるのが困難なほど背中が硬直していたり、痛みのある犬に役立ちます。

🐾 どのように行うか

手でお腹のリフトを行う

左手をお腹の下に入れて、右手を背中に置きましょう。犬が不快さを感じない程度に、脊椎に向かって左手で力をかけます。この姿勢を6秒ほど維持し、ゆっくりと力を抜いていきます。ゆっくり力を抜くほど、このTタッチの効果が現れます。

タオルでのお腹のリフト

タオルでお腹のリフトを行っている間、ギムリは横たわっています（ギムリの飼い主ジョーは、リラックスさせるためギムリの唇にTタッチを行っています）。タオルの真ん中がお腹の下にくるように、犬にタオルを巻きます。タオルを引き上げ、下ろすという動作をとてもゆっくりと行ってください。

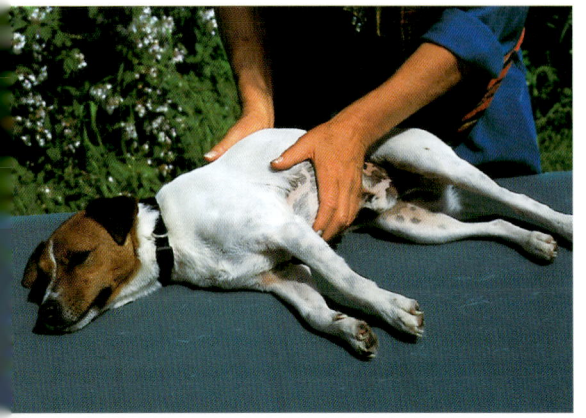

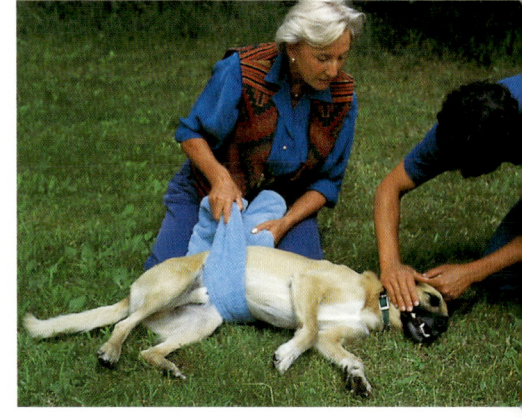

方法

　写真にあるように、お腹のリフトはさまざまな方法で行うことができます。どのような方法でも、ゆっくり行うことが大切です。例えば、タオルでお腹を6秒ほどの時間をかけてゆっくりと持ち上げます。その姿勢を6秒間維持し、その後、下ろす時にはさらにゆっくりと10秒ほどの時間をかけます。ゆっくり力を抜くことが、この期待される効果を十分に引き出す重要なポイントとなります。肘のすぐ後ろあたりの腹部から始め、手またはタオルの幅の分だけ腰方向へと移動していきます。

　立ってお腹のリフトを行う場合には、自分の背中を保護することにも気をつけてください。写真では、メアリー・エレンと私がデモンストレーションをしています。私は犬の横に立ち、腰で肘を支えています。メアリー・エレンは犬の方を向き、足を一歩出し、膝を軽く曲げています。お腹のリフトは、手を使って自分でもできます。背中を保護するために、骨盤、膝、足から動くようにしてください。

2人で行うタオルでのお腹のリフト

　大きな犬の場合、犬が立っているともっとも効果的なお腹のリフトが行えます。メアリー・エレンはタオルを持っているだけで、私はビリーが快適だと思う程度、タオルを優しく引き上げています。メアリー・エレンと私は前肢のすぐ後ろの肋骨あたりから始め、タオルの幅の分だけ後ろへと移動していきます。

ケースヒストリー

ショーニー、ベルジャン・タービュレン
腰の問題

　ロビンの犬ショーニーは、腰が弱く後ろ肢がまっすぐでした。このため床から立ち上がるのが困難でした。レントゲン写真では、関節にカルシウム沈着が認められました。痛みを最小限にとどめようと、ショーニーは自分の後ろ肢をかばっており、その結果背中にこわばりがありました。ショーニーの後ろ肢をタオルを使って引き上げることを、ロビンは定期的に行っていました。肢の間にタオルを入れ、お腹のリフトで行うように引き上げて、腰に体重がかからないようにしました。ロビンはこれを両肢に行うことで、筋肉をリラックスさせ痛みを和らげることができました。もちろん、このTタッチは動物病院での治療に取って代わるものではありませんが、痛みを緩和し、犬を助けるために、飼い主ができることです。

口のTタッチ
感情に影響を与える

　唇と口のなかへのTタッチは、大脳辺縁系を活性化します。大脳辺縁系とは、脳内の情緒をコントロールする部分で、学習の中心部です。そのため口のTタッチは、すべての犬に効果があります。しかし、特に恐怖、ストレス、神経質、過度な活動性などの問題を抱える犬には効果があります。慢性的に吠える犬にも効果があります。驚くかもしれませんが、他の犬に攻撃的な犬の多くが、口のTタッチに良い反応を示し、その結果、行動が変わります。

どのように行うか

唇
　ここでは、ロビンが口のTタッチのバリエーションを見せています。マズルの下に手を添え、ショーニーの唇の外側に軽い円のTタッチを行っています。

歯茎
　ロビンは、親指を優しく唇の内側に入れ、歯茎に円のTタッチを行っています。こうすると、簡単に上下の歯茎に触れます。

このような場合はどうするか

子犬が口に触らせてくれない

　じっと頭を動かさない子犬ばかりではありません。また、口のTタッチをしようとすると人間の指を噛もうとするかもしれません。子犬の歯は鋭いので、皮の手袋をすると良いでしょう。子犬を支えるため、子犬の肩に手をかけ親指を首輪に入れます。

　片手でマズルに円を描きますが、指で下顎を支え、親指を優しく、しかし、しっかりとマズルの上にのせます。もう片方の手で、同じようにマズルを押さえます。親指で、唇の外側と歯茎に優しいラクーンのTタッチを行いましょう。この姿勢だと、子犬の頭の動きを制限できます。このエクササイズは短時間にし、何度も繰り返し行うことが大切です。最初の抵抗に対しても、静かに辛抱強く接すれば、子犬はすぐにTタッチを受け入れ、楽しむようになります。

犬が攻撃的だったら

　攻撃的な犬を扱う時は、口のTタッチは、犬が噛まないことが確実な場合のみに行うべきです。ボディ・ランゲージは非常に慎重に読みましょう。人への攻撃性がある場合には、こういった犬を扱った経験のあるプラクティショナーに連絡することをお勧めします。1人で攻撃的な犬に対処しようとしないでください（ワンドの握り手部分にエースバンデージを巻いて使うと、安全な距離を保ちながら歯茎や唇にTタッチができます）。

方　法

1．下の写真は、非常にリラックスした状態のビリーのマズルです。ライイング レパードのTタッチをのど袋から始めました。もう片方の手で、犬の頭を押さえています。

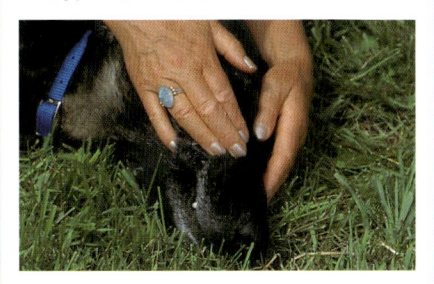

2．手をゆっくりとビリーの鼻へ向かって移動させ、優しくライイング レパードのTタッチを行います。こうして口の外側を触わらせることに慣らしていきます。

3．最後に指を唇の下にすべらせ、歯茎に沿ってライイング レパードのTタッチを行います。唇を注意深く引き上げておくために、反対側の手の親指を使っています。

ライイング レパードのTタッチで、犬が口の周りを触れられることに慣らすことができます。

ケースヒストリー

カイサ、トイ・プードル
発作

ローラ・マンチーニ：

「3年前、私の飼っている6歳の雌のトイ・プードルが馬に蹴られました。それから、月に2、3回痙攣発作を起こすようになりました。発作が起きている間は、背中と首が完全に硬直し、肢は体から奇妙な角度で飛び出し、頭は左右にゆっくり回転します。完全に意識があるにもかかわらず、うまく動けずバランスもとることができませんでした。私を見ること、唇を舐めること、飲み込むことなどはできるようでした。この発作は20〜30分続き、その後、普通の状態に戻るまで1時間くらいかかりました。

3週間前、再び発作を起こした時にすぐ耳と口、背中から骨盤にかけて、静かなライイング レパードのTタッチを始めました。5分も経たないうちに発作は治まりました。カイサがおもちゃを持って家のなかを走り始めるまでの数分間、私は近くにいるようにしました。

翌朝、冷たい鼻の感触で目覚めました。カイサだったのです。また発作を起こしていましたが、軽いものでした。症状として出ていたのは頭が震えていただけでした。すぐに耳と口にTタッチを行うと、3分ほどで発作は治まりました。

これ以前にはこのように短時間の軽い発作を経験したことはありませんでした。また、どのような薬でもこれほどの結果はもたらしませんでした。それ以来カイサへ毎日Tタッチを行っていますが、発作は出ていません。

さらに、カイサの腰と背中の状態は安定してきているようです。来週が終わると、発作のなかった初めての1カ月になります！」

ケースヒストリー

ゲイラ、コモンドール
ガン

ジョディ・フレディアーニ：

「ゲイラは、進行の速い乳ガンで、6カ月ほど苦しんでいました。退院してから1週間たった時のことです。ゲイラが木の下で雨をしのぎながら寝ているのを見て、家のなかに入れたいと思いました。階段を昇れなかったので、家の裏に回り、ゲイラをポーチのバスケットに入れました。翌日はまだ雨が続いており、ゲイラは食事と排泄以外、その場所を動こうとしませんでした。次の日の朝には、ほとんど動くことができず、周りの出来事にも全く関心を示しませんでした。私が声をかけた時にしか動かず、痛みを感じているのは明らかでした。

　私は耳、耳のつけ根、頭、そして肢へTタッチを始めました。15分ほどすると、動きが機敏になり、痛みがなくなったように見えました。起き上がり、歩き出したのです。2日後、以前のようにフェンス越しにとどまり、知らない人が通ると吠えていました。

　1週間後、夜中にゲイラに起こされました。姿勢を変えるか、起きあがろうとして、鳴き声を出していたのです。私はゲイラと一緒に座り、耳と肩にTタッチを始めました。私は涙を流し、ゲイラは頭を私の肩に寄せていました。ゲイラの呼吸はゆっくりしたものになり、私はゲイラに旅立ちの時が来ていると思うと告げたのです。耳をさすり続けていると、ゲイラの首は完全にリラックスし、私の膝に頭をもたれかけました。今までこのようなことをしたことはなかったので、ゲイラが自分も私と同じことを考えていることを私に告げたかったのだと感じました。ゲイラは独立心のとても強い犬で、身体的な接触を求めることは、それまでほとんどなかったことを言っておかねばなりません。翌朝、ゲイラを苦しみから解放してあげました。Tタッチを通し、ゲイラとそれまでになかったほどの深い関係を持つことができました。Tタッチはゲイラを安楽死させるというむずかしい決断を、私が下す手助けにもなったのです。」

歯茎に優しく円を描くことで犬の健康状態を向上させることができます。

耳のTタッチ
落ち着かせ、なだめる

過度に活動的な犬を落ち着かせるには、耳のTタッチがもっとも効果的な方法です。耳のTタッチを受けたことがある犬は、しばしば飼い主にねだるようになります。数世紀にわたり、人間の耳に働きかけると、体全体と臓器に良い効果があると知られています。この原理は鍼治療にうまく応用されています。循環が止まるようなショックを起こした時には、耳のTタッチが特に大切になります。事故を起こしてすぐ、または手術の前後に耳へのスライドを行うと循環を安定させることができます。

どのように行うか

片方の手で犬の頭を安定させます。もう片方の親指と指で耳を押さえますが、親指が上にくるようにしてください。反対側の耳に行う場合には、手を変えてください。親指で頭の真ん中から耳のつけ根、そして先端まで撫でます。こうして撫でる時は、耳の隅々まで行き届くように毎回違う場所にします。垂れ耳の犬の場合、地面に対し平行になるくらい、耳を軽く持ち上げます。立ち耳の場合は上向きに行いましょう。

柔らかい垂れ耳の場合は、指で耳を支えます。耳を引っ張るのではなく、被毛を優しく撫でるのです。耳をバラの花びらだと思って、一番弱い力で行います。痛みがあったり、ショック状態にある場合は、撫でる速度を速く、そして力も少し強めにします。犬をリラックスさせる場合は、ゆっくり優しく撫でましょう。

このような場合はどうするか

とがった耳の犬

硬くてとがった耳の犬の場合は、耳が伸びている方向〈上向き〉に撫でてください。

方　法

1．長い耳でも先端まで平行に撫でてください。写真では、ギムリは床に寝そべって、非常にリラックスしています。私はマズルを包み込むように押さえ、右手で耳を撫でています。

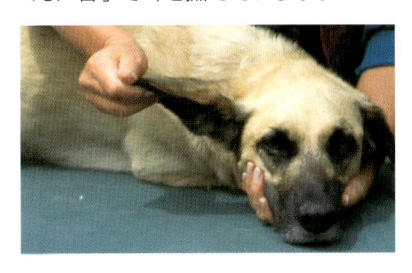

2．耳の表面全体を網羅するため、親指で小さな円を描くこともできます。耳を外側へ伸ばすようにし、根本から始めましょう。円の耳のTタッチは関節炎の犬に効果的です。

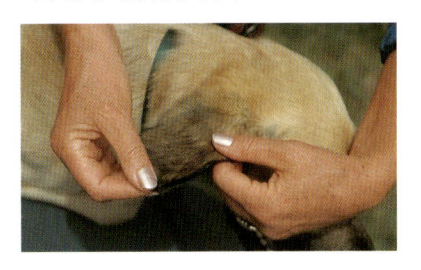

3．小さな軽い円のTタッチを耳全体に、そして先端に行きつくまで続けます。

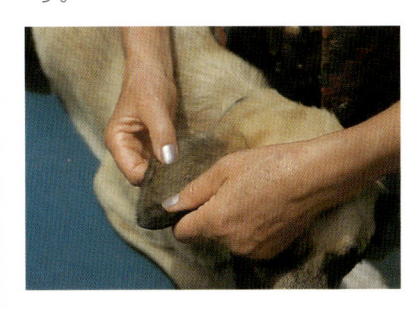

ケースヒストリー

パーゼル、
ウエスト・ハイランド・テリア
10歳、車酔い

バーゼルは車に乗るのが大嫌いでした。車が動くとよく吐いていたので、車に乗らなければならないとわかると、ひどく興奮しました。しかし、飼い主が車に乗る前と乗っている最中にTタッチを行うと、リラックスし、車酔いもなくなりました。

耳のTタッチ：犬の耳を根元から先端まで撫でます。

ケースヒストリー

ゴールデン・レトリーバー
雷が怖い

ジュディ・ホッジ：

「昨年の夏、雷を怖がるゴールデン・レトリーバーの雌犬に、雷を克服する手助けをしました。彼らは近所に住んでいるのですが、ある日私は、芝生の上に座っている飼い主と犬を見ていました。犬は完全に体を硬くし、筋肉は緊張し、体全体が震えていました。遠くで雷の音が聞こえ、嵐が近づくにつれ犬の緊張が増していくのがわかりました。

私は犬にフセをさせ、両耳にTタッチを行いました。しばらくすると、普通に呼吸を始め、雷鳴の合間にリラックスできるようになりました。最後にはもっとも大きな雷鳴のなかでも落ち着いていました。30分後、嵐は去りました。その頃には、犬は非常にリラックスしていて、ほとんど眠りかけていました。

次の嵐の後、その隣人に犬がどうしていたか尋ねてみました。雷にはほとんど反応しなかったという答えを聞いて、私は嬉しかったのですが、少し驚きもしました。嵐の間中落ち着いて横たわっていて、雷がなってもリラックスしたままだったそうです。

1年たった今でも雷だけでなく花火に対してさえも、落ち着いていられます。これがすべてたった30分のTタッチの結果なのです！雷を怖がる犬と一緒に暮らす、すべての読者にTタッチをお勧めします。」

（ジュディはたった30分のTタッチでうまくいきましたが、場合によっては雷の間、3回以上Tタッチのセッションが必要な場合があります。82ページのボディ・ラップの項目も参考にしてください）

ケースヒストリー

リッキー、オーストラリアン・シェパード
出産の問題

リンデン・スピア：

「リッキーの最初の出産は順調ではありませんでした。最初の子犬が生まれる12時間くらい前から子宮の収縮による緊張で苦しんでいました。座ったままで眠ってしまうほど、消耗しきっていて、目を覚ますのはバランスを崩した時だけでした。36時間に及ぶ出産で、完全に憔悴しきってしまったのです。

次のお産の時は、耳のTタッチを行って、リッキーをリラックスさせ手助けしようと決めました。このTタッチが出産時の母犬を助けることができると聞いていました。リッキーには大変効果があったようです。さらに、コントロールできないほど体が震えだした時に、私はリッキーを膝に抱え、体全体にTタッチを行ったところ、震えは止まりました。出産が楽になるようにとタオルを用いたお腹のリフトと肢にパイソンのTタッチを行いました。Tタッチでリッキーをリラックスさせることができ、恐怖やパニックを避けることができました。また、出産にエネルギーを集中できたようです。安産で11頭の子犬が生まれ、とても大事に育てました。

私の助けようという試みに対するリッキーの反応は、最初の出産時とはまったく異なったものでした。今回の出産では、私に対し本当に感謝しているようでした。今では出産前、最中、後とすべての雌犬にTタッチを行うことにしています。」

耳のTタッチは血圧を安定させます。

前肢のレッグ・サークル
バランスと歩調を改善する

前肢のレッグ・サークルは、犬に新たに前肢を意識させ、その動く範囲を広げさせることに役立ちます。首と肩周りをリラックスさせ、特に緊張している時に足場をしっかりとさせます。レッグ・サークルは、神経質な動物にも効果があります。例えば、大きな音や雷を怖がる犬やすべる床に不安を感じる犬などです。

どのように行うか

犬はリラックスして、横たわっている状態が良いでしょう。右手で犬の肘関節を支えます。左手で、前肢の先を持ち、足首を曲げます。そのつま先をゆっくりと両方向に数回まわします。

右手で肢を肩から前方に動かします。同時に足首も伸ばします。こうすると手のなかで犬の肢がまっすぐになります。

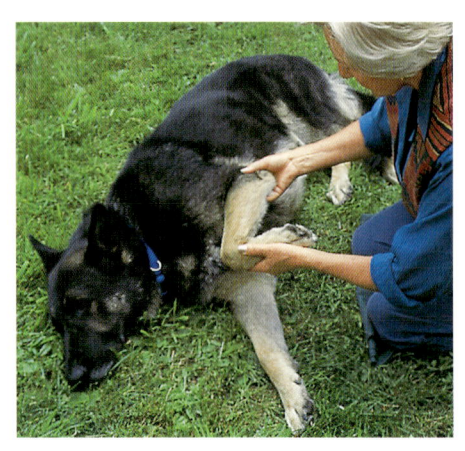

このような場合はどうするか

犬が肢をリラックスさせない

　いつもと違う形に肢を動かされるのは、新しい経験なのかもしれません。こういった状況に慣れる時間を与え、力を入れたり強制的に行わないようにします。犬が肢を引き戻そうとしたら、その動きに優しく合わせて、犬に安心感を与えるようにします。犬がリラックスしていると感じたら、再びレッグ・サークルを行いましょう。レッグ・サークルを始める前に、肢にいくつか円のTタッチを行うことも効果があります。また、犬によってはつま先が非常に敏感な場合があり、それが理由で肢を引き戻そうとするようです。こういった場合には、つま先そのものではなく、つま先のすぐ上の関節を持ちます。

　そこで肢を、肩からゆっくりとスムーズに元の位置に戻します。

方　法

　犬が立っていても座っていても、または横たわっていても、前肢のレッグ・サークルを行うことができます。強引に動かさないことが大切です。犬が肢を人間に預け、筋肉をリラックスさせているのが良い状態です。簡単な小さな動きをしてみましょう。どの関節も引っ張ったり、ストレッチさせようとしないでください。犬が前肢を引き戻そうとしても、それをつかまずに、動きについていくようにして、もう一度試してみます。犬が引っ張っている方向に優しく押して、新しい位置でレッグ・サークルを行えることもあります。また、片方の肢の方が、もう片方の肢に比べて動かしやすいことがあります。こういった違いは、慢性の緊張や古い傷により起こることがありますが、小さなレッグ・サークルを定期的に行うことで、なくしていくことが可能です。

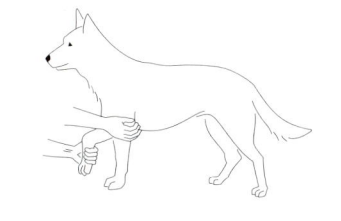

後ろ肢へのレッグ・サークル
バランスと体の動きを改善する

　この後ろ肢へのレッグ・サークルで、犬に自由な動きと、新しい体の使い方を教えることができます。作業犬やスポーツをする犬は、体への意識がより高まり、より効果的に体を使うことを学びます。後ろ肢のサークルは、背中までの筋肉をすべてリラックスさせるので、神経質な犬や大きな音を怖がる犬を落ち着かせるのに役立ちます。

🐾 どのように行うか

　片手で足首のすぐ上を支えながら、もう片方の手は脇腹を押さえています。曲げた肢で、両方向に小さな円を描きます。犬が怪我をしている場合は特に、関節をねじらないように気をつけてください。股関節形成不全や膝の怪我、または関節炎などがある犬へのレッグ・サークルはお勧めしません。

　この写真で、私は片方の手でバンディットの胸を支え、もう片方の手で後ろ肢を動かしています。円の大きさは、犬が上手にバランスをとっていられるくらいにしましょう。抵抗を感じることはないはずです。スムーズにゆっくりと肢を動かします。

このような場合はどうするか

犬が3本足でバランスがとれない

　横たわる、もしくはお腹の下を支える方法のどちらか、犬がバランスをとって立っていられる方で行います。そして、短時間肢を上げ、再び下ろすことから始めます。犬が安定してきているようならば、つま先で小さな円を描いてみます。

犬が肢をかばう

　レッグ・サークルは、特に怪我をした後のバランスを改善します。例えば手術後など、部分的に麻痺していたり、肢をかばっている場合に効果があります。怪我は完全に治っているのにもかかわらず、細胞に痛みの記憶が残っており、肢をかばうことが習慣になってしまっている場合がよくみられます。

方　法

1．犬が立っているか、横たわっているかで、人間はその後ろに立つか座るかします。犬が横たわっている場合には、片手で犬の膝を支えましょう。もう片方の手は、つま先のすぐ上を軽く持ちます。

2．そして、注意しながら肢を腰から後ろへと動かします。犬の反応で、犬が快適に感じているか、そうでないかを確認します。肢がほぼまっすぐになるように、膝関節を伸ばします。

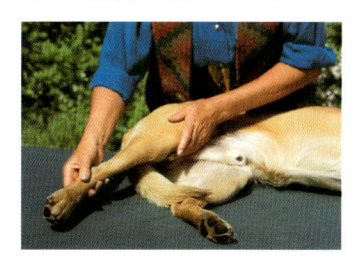

3．最後に肢を前方に動かし、元の位置に戻します。走っている時のスムーズな動きと似たこの動きを繰り返します。

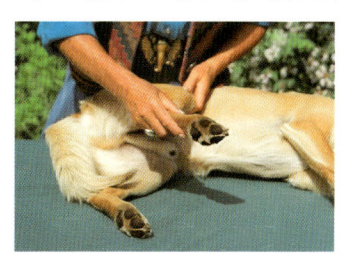

つま先へのTタッチ
爪切りへの恐怖を克服する

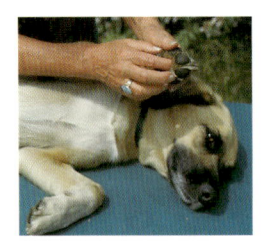

つま先へのTタッチは、つま先が敏感だったり、爪を切られるのが怖いなどで、特につま先に触られることを拒む犬に効果があります。すべる床や見慣れない階段など、いつもと違う床材にパニックを起こす犬にも効果的です。

🐾 どのように行うか

つま先の上部からラクーンのTタッチを始めます。片手でつま先を持って、もう片方の手でできるだけたくさんのTタッチを行います。そのまま爪先まで続けます。

足の裏では、肉球に軽いTタッチを行います。肉球のすきまに指を入れて、小さな円を描きましょう。

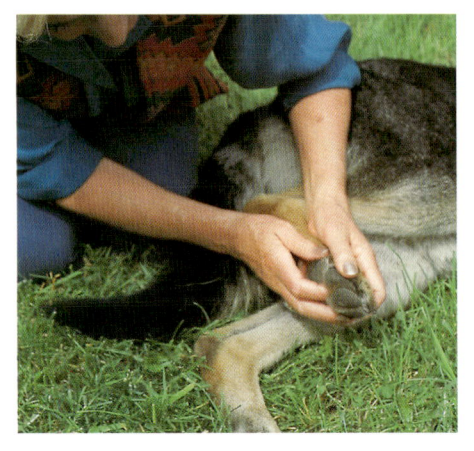

このような場合はどうするか

つま先に近づくと唸る

注意して、犬が受け入れる部分まで戻りましょう。シープスキンを使って、肢に沿って円をつなげていきます。犬のつま先で、もう片方の肢を触るのが次の段階です（つま先でのＴタッチの項を参考にしてください、68ページ）。この経験をより楽しいものにするために、ごほうびをあげるのも良いでしょう。

最後に、それぞれの爪にＴタッチを行います。犬が、この間リラックスしているようであれば、爪切りができる状態です。しかし、爪切りの道具が怖いようであれば、その爪切りを使い体に円を描いてみましょう。

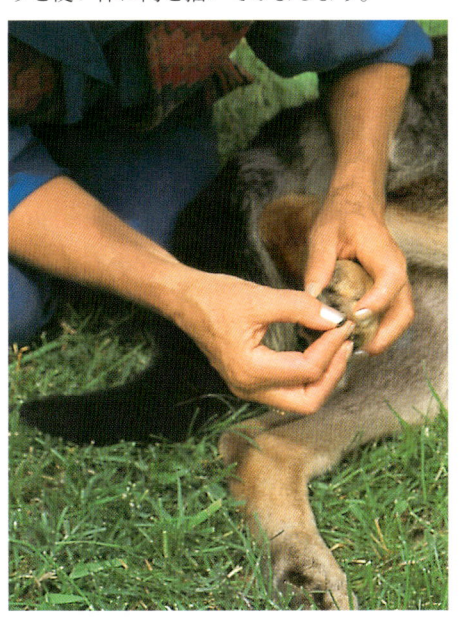

方　法

犬は座っていても、伏せていても、立っていてもかまいません。リラックスさせるために、犬がもっとも好むＴタッチを行います。そして、クラウデッド レパードのＴタッチを肢のつけ根から始め、つま先まで次第に降下しながら行います。つま先には、優しいラクーンのＴタッチを行い、全体をカバーできるようにします。このイラストで、手に色のついている部分、つまり指先部分のみをラクーンのＴタッチでは使います。もし足裏の肉球のすき間部分が敏感であれば、力を弱くして行ってください。肉球の間に長い毛があるようなら、特に敏感かもしれませんので、実際に爪を切ろうとする前に、まず毛を切るのも良いでしょう。

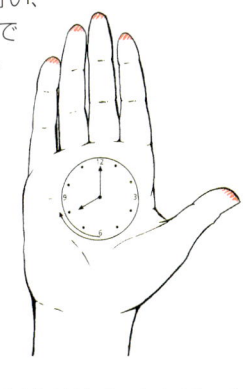

つま先でのTタッチ
敏感さを軽減する

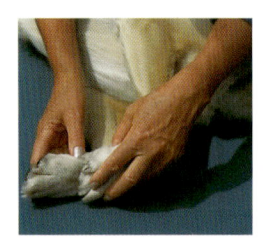

犬へのTタッチを、犬自身のつま先で行うことは、最初は奇妙に思うでしょう。特に犬が自分のつま先で届く体の部分というのは限られています。しかし、このエクササイズの目標は、通常タッチを行う時、犬が安心感を得てタッチを行いやすくするために、つま先の敏感さを減らすことです。試してみると、その結果に驚くでしょう。

方　法

1．バンディットのつま先を手で支えながら、もう片方の肢に円の動きをするために、肢を曲げました。バンディットの顔を見てください。何をしているのか少し不安に感じ、疑った表情をしています。よく見ようと頭の向きを変えています。

2．ビリーも何が起きているかわからない表情をしています。舌を出して唇を舐めています－これは不安のサインです。つま先でもう片方の肢の上から下までTタッチを行っています。

爪切り
ストスのない方法

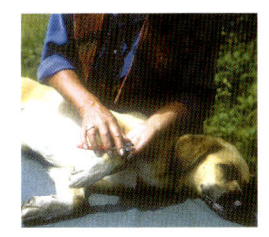

犬の爪がすり減らないのであれば、定期的に切ることは大切です。長すぎる爪は犬の姿勢に悪影響を与えます。つま先全体に体重をのせる代わりに、肉球の後ろに体重を移動させてしまうのです。この不自然な姿勢が、犬の体の痛みや緊張につながります。

方法

例外はありますが、爪は固い床面を歩いた時にカチカチ音がしないくらい短くしておくべきです。ただ切りすぎないように注意しましょう。気むずかしい犬の場合、他の人の助けが必要かもしれません。一度に２、３本の爪を切り、休憩をいれるようにしてください。犬が立っていた方が爪を切りやすいことがあります。

どのように行うか

ボディ・ワークに15分かけて、ギムリの信頼を得ました。肢に爪切り道具で円のTタッチを行うことで、ギムリに爪切りの過程を教えています。

つま先と爪にたくさんのTタッチを行い、ギムリが肢とつま先を触わらせる準備を完全に整えました。このように、私が爪のひとつを指で挟んでも、ギムリはほとんど反応をしません。

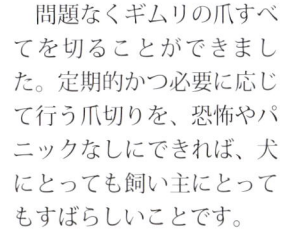

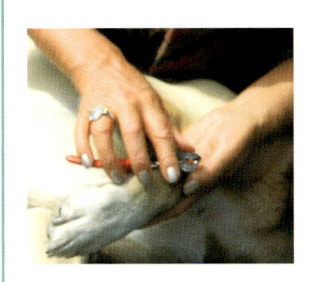

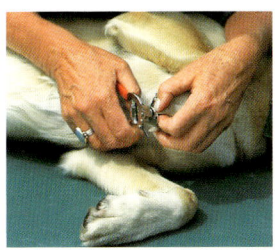

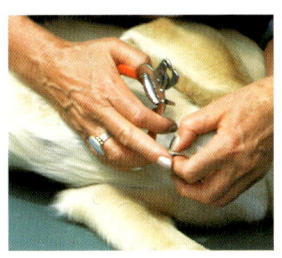

問題なくギムリの爪すべてを切ることができました。定期的かつ必要に応じて行う爪切りを、恐怖やパニックなしにできれば、犬にとっても飼い主にとってもすばらしいことです。

しっぽのTタッチ
恐怖や攻撃性を軽減する

しっぽへのワークとしっぽのTタッチで、犬に恐怖や臆病な面（雷のように大きな音への恐怖心なども含む）を克服させることができます。これは、他の犬に攻撃性があったり、「恐怖からくる噛みつき」がある犬にも効果があります。しっぽのTタッチは、痛みを和らげ、特に起き上がるのがむずかしい犬の怪我や手術後の回復（もちろんこれは動物病院でのケアへの付加的なものです）を促進します。運動機能を取り戻す役に立つのです。小さく、優しい円運動を行い、そっとしっぽを引っ張ることで、股関節形成不全を抱える犬のQOLを大きく改善することができます。こり固まった部位を和らげるので、横たわったり、起きあがったりすることが楽になります。

どのように行うか

ロビンが、地面に横たわっているショーニーにTタッチを始めました。左手で体を安定させ、右手でしっぽを軽く持っています。とても優しく、そして注意深くしっぽを引っ張り、体全体との関係をつくっているところです。

次はギムリにしっぽで円を描くデモンストレーションをしています。しっぽの根元に近いところを右手で持ち上げ、円を描くように両方向に動かしています。もう片方の手はギムリが安定するように、左側のお尻部分に当てています。

このような場合はどうするか

断尾したしっぽが固くて動かない

Ｔタッチは、特に断尾した動物に効果的です。こういった犬のしっぽは非常に固い場合があります。これは断尾手術による恐怖や痛みが細胞内に記憶としてとどまっているからです。この場合、小さなラクーンのＴタッチを２センチごとに行うことをお勧めします。切断した部分には、幻覚肢痛を取り除くため特に注意を払ってください。しっぽを小さく回します。緊張して固くなったしっぽを柔らかくできれば、動きの範囲が広がり、自信が非常に増すことになります。

バンディットの断尾したしっぽにラクーンのＴタッチを行っています。お腹の下に手を入れて、体を支えています。断尾した部分に「幻覚肢痛」を感じる犬もいますが、それはＴタッチで軽減させることができます。

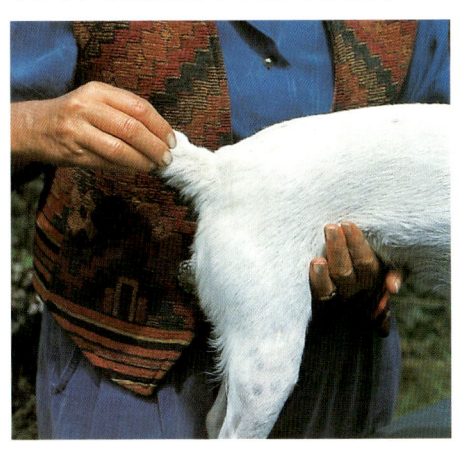

方　法

犬のしっぽの位置には、多くの異なる意味があります。リラックスした状態でしっぽを振っていれば、もちろん犬は喜んでいたり機嫌が良いということになります。しかし、神経質や過度に活動的だったり、不安を感じている犬は、常に素早くしっぽを振ります。犬が、しっぽを固くして、じっと動かさず、高い位置に上げている場合は、支配性や攻撃性があることを意味します。しっぽを肢の間に入れ込んでしまっている場合には、恐怖や服従心を表しています。しっぽの位置にかかわらず、しっぽの状態を変えることで犬の行動に影響を与えることが可能です。

しっぽを動かすには、３つの方法があります。

1）優しく引っ張って放すことで、犬に連携を感じさせます。犬が立っていても、伏せていても、片手でしっぽの根元を持ち、もう片方の手で体を支えます。優しく、注意しながら、２、３秒そのままにし、ゆっくりとしっぽを放します。
2）両方向にしっぽで円を描くことで、身体的・感情的な緊張を解放します。
3）しっぽへのラクーンのＴタッチは、急性もしくは慢性、そして長年にわたるものであるにもかかわらず、恐怖をなくす効果があります。

リーディング・エクササイズ

「引っ張り癖」の解決策

何のために行うのか？

　テリントンTタッチのリーディング方法には、トレーニングに役立つことがたくさんあります。また不服従、臆病、攻撃性のある犬に効果があり、リーディング・エクササイズを行うことにより、オフリードであっても、進んで協力的になり、従うことを学習します。

　犬の飼い主が抱える大きな問題のひとつに、リードの引っ張りがあります。常にリードがぴんと張った状態にあると、その力が反発力を生むことになるために、犬はさらに引っ張ることを学んでしまいます。長い目でみると、この癖が犬の咽頭、首、肩、骨盤、背中に損傷を与えることになります。さらに、引っ張ることは犬の後ろ肢に不必要な緊張を与えるので、腰や膝の故障にもつながります。引く力が強くなく、大型犬に比べ楽に抱えられることから、多くの小型犬の飼い主は、この問題を無視しています。しかし、小型犬も大型犬と同じくらい容易に体を壊しやすいものです。リーディング・エクササイズは、こういった「引っ張り癖」に対するいくつかの解決策となるでしょう。

　トレーニング、再トレーニングに用いる道具がいくつかあります。フラットタイプの首輪と一緒に使うハルティ、ボディ・ラップ、ダブル・ダイヤモンドなどがすべて役に立ちます。説明とデモンストレーションについてはこの先をお読みください。

　また犬のトレーニングには「ワンド（杖）」と呼ばれる、珍しい補助道具を使います。すでに述べたとおり、ワンドはTタッチをされることに不安を感じる犬に、手の代わりとして使うことができます。

道　具

　スペシャル・テリントンTタッチ・メソッドに使われるトレーニング道具のリストです。

- **フラットタイプの首輪**：これがテリントンTタッチ・メソッドにおいて、すべての犬に使われる基本の道具で、ハルティと合わせて使えます。フラットタイプの首輪を、チョークチェーン、チョークロープ、ピンチカラーの代わりに使います。

ワンドは腕の延長線として使うことができます。

リーディング・エクササイズ 73

- 犬用ハーネス：犬用のチェストハーネス
- ハルティ：犬用ヘッドカラー
- スヌート・ループ：ハルティと非常によく似ていますが、マズルの短い犬にはより適当なものです。
- スナップの2つついたリード：このリードは2メートルの長さで、スナップが2つついています。ひとつは強度のあるもので、もうひとつは軽いものです（スナップが2つついたリードをみつけられない場合には、Tタッチのトレーニングセンターにお申し込みください）。
- ボディ・ラップ：1つないし2つの伸縮性バンデージです。幅7、8センチ、長さはおよそ2メートルです。バンデージのサイズはさまざまですので、犬の大きさに合わせて選びましょう。
- ワンド（杖）：1メートルの長さの、固い馬のムチです。

安全第一

- 黄金律：犬が学習したことを処理するため十分な時間がかけられるように、また学ぶことが多すぎてストレスにならないように、エクササイズは短めにします。
- 初めて会う犬、怖がりの犬、攻撃性のある犬の扱いには常に特別の注意を払ってください。
- 初めて会う犬、不安を感じている犬、攻撃性のある犬の目をじっとみつめないようにします。多くの犬はこういった行動を脅威とみなします。犬に挨拶をする、犬にハルティやボディ・ラップを行う場合には、脇から近寄るのが安全です。

なめらかなナイロン製のひもでできているダブル・ダイヤモンドは、くるくる回ってしてしまう犬、飛びつく犬、ひっくり返ってしまう犬、攻撃的な犬などにもっとも効果的です。

2人のハンドラーの間をリーディングすると、犬の集中、バランス、注意力が改善されます。

バランス・リード

リードの引っ張りを直す補助

常にリードを引っ張る犬の悪い癖を、いつも使っているリードを犬の胸の下にかけることで直すことができます。私達はこれをバランス・リードと呼んでいます。バランス・リードを用いることで、犬の重力の中心を戻すことができるために、犬はバランスを取り戻し、シグナルに応えるようになります。引っ張らないことを学習したら、リードを元の位置に戻します。

どのように行うか

バランス・リードで、どのように犬を導くかをデモンストレーションしています。私はテスの隣、頭の近くを歩きながら両手でリードを持っています。リードを引き上げたり、緩めたりしながら、歩く速度をコントロールしています。

方法

リードは少なくとも2メートルの長さが必要になります。いつものようにリードを犬の首輪につけ、犬の胸の周りにかけます。リードの輪になった部分に片手を入れ、もう片方の手でリードの端を持ちます（イラスト参照）。ゆっくり歩く時や止まる時は、数回非常に素早く「引いて緩める」ことで、犬に再びバランスをとらせます。こうすることで、犬が体重を戻す助けになるのです。首輪についている側のリードに確実に弛みがあるようにしてください。小型犬の場合には、輪の部分に足が入りやすいため、リードを胸の部分にとどめておくことがむずかしい場合があります。こういった場合の引っ張りには、ハーネスやハルティをお勧めします。比較的大きな犬の場合、犬が回ってしまったり、飛び上がることがなければ、通常小型犬に起こるような問題は生じないはずです。バランス・リードで導く時は、普通に歩くようにしてください。

ワンド（杖）を使う
恐怖を軽減する

不安な犬の体中をワンドで触れることで、犬を落ち着かせることができます。犬の肢を膝、骨盤からつま先まで撫でると、安定感や地に足がしっかりと着いている感覚を与えることができます。

方法

ワンドを使って、安全のため1メートルくらい距離を保てば、怖がりな犬や過度に敏感な犬の体全体を撫でることができます。ワンドをもっとも効果的に使えるのは、リーディング・エクササイズのなかに取り入れる方法です。犬があなたを信頼するようになるまでは、犬がTタッチされて喜ぶとわかっている場所のみを撫でるようにします。なんでも噛んでしまう犬、口を触られることを嫌がる犬には、舌や口蓋に沿ってワンドのボタン（握り手）側を転がすと良いでしょう。こうすると犬はワンドを噛むことができません。歯の生え替わり時期にある子犬にも使えます（不安を感じている、または抵抗する動物の口の周りに初めて触れる場合、上唇の下にワンドを転がす方法が安全です—上の写真）。

子犬と遊ぶ時にもワンドは使えます。ワンドについて歩き回るようなら、子犬はリードで歩く準備ができているということでしょう（これは犬にとっても良いエクササイズです）。ワンド、そしてその後は手で、どこを触られても大丈夫という練習にもなります。

どのように行うか

車に轢かれてから、ジェシーはしっぽに触わられることに敏感になってしまいました。しっぽをワンドで持ち上げることで、カーステンは恐怖反応を変えています。その結果、行動も変わります。

キューメイは若く非常に活動的な犬です。後ろ肢をワンドで撫でることで、落ち着かせ、地に足をつけている感覚を与える効果があります。

ハルティに慣らす
リーディング・エクササイズの準備をする

犬が若く、非常に活発で、集中力がなく、不服従、他の犬に攻撃的、リードを引っ張るのであれば、リーディング・エクササイズにハルティ（犬用ハルター）を使うべきでしょう。フラットタイプの首輪と合わせて使います。ハルティの良い点は、通常の首輪よりもずっと弱い力で犬をコントロールできることです。また、犬の注意をひくために、犬の頭の向きを容易に変えることができます。

どのように行うか

最初は、犬をハルティの感触と「制限」に慣らすため、口の周囲にTタッチを行い、手でマズルを覆います。その後、写真でロビンがショーニーにしているように、落ち着いた声で話ながらゴムひもを犬のマズルにかけます。

次に、ショーニーの口の下で、このゴムひもを交差させ、その両端を首の後ろへ持っていき簡単な結び目をつくりました。この練習にショーニーが慣れたら、次の段階に移ります。

ロビンは、装着する準備のためショーニーに本物のハルティを見せています。犬の頭にハルティをつける前に、装着時に混乱したり、まごつくことのないよう、しっかりとハルティを観察しておきましょう。

このような場合はどうするか

ハルティが快適かチェックする

頬の部分のストラップ上部に両親指が入るくらいの緩みが必要です。鼻部分のストラップがすべり落ちないようにしてください。落ちてしまうようなら、短い鼻用ハルティかスヌート・ループを試してください。スヌート・ループはハルティのような構造ですが、額部分にもう1本ストラップがあるので、よりしっかりと頭部にとどまります。

　ロビンはゴムひもの上にハルティをつけ、犬の首の部分で留め具をとめました。ゴムひもとハルティを一緒にするのは、ショーニーにハルティを短時間で容易に受け入れやすくさせるためです。しばらくはハルティにリードをつけずに装着しておきます。

　リードは軽く、長さは2～2.5メートルのものが良いでしょう。フラットタイプの首輪に片方をつけ、もうひとつをハルティの下のリングにつけます。リードは両手で持ちます。

　ハルティに慣れさせるためのゴムひもがない場合は、写真のようにマズルの周りにリードをつけることもできます。犬がそれを受け入れるまで、そのまま軽く持っていてください。忍耐強く、静かに、こちらがあきらめないようにする必要のある犬もいます。

ハルティで誘導する
上手に誘導を行う

ハルティで犬を誘導することは、初めのうちは不慣れな感覚だと思います。ハルティと首輪についたリードは、両手で持つことをお勧めします。しばらく練習すると、容易に犬をコントロールできることに気づくでしょう。

🐾 どのように行うか

これがニュートラルな形です。犬の右側に立っている場合は、ハルティについている方のリードは右手で、首輪についている方のリードは左手で持ちます。リードの両部分をできるだけ緩く保つようにしましょう。あなたは犬の頭の脇に立つようにします。手に入れる力は軽く、親指はリードに対して前向きになるようにします。

犬を歩かせる時に、首輪についている方のリードの一部を軽く引き、すぐに緩めます。あなたが引いた時に動き出すのではなく、緩めた時が動き出すための合図です。言葉による合図も大切です。リードの動きと一緒に「行きましょう！」と声をかけてください。

あなたの方向に犬を向かせたければ、ハルティについている方のリードを優しく引きます。向きを変える時にはいつも、ハルティへ静かな合図を送るようにすると、ほとんどの犬が正しく反応するようになります。もし、このハルティへの合図で向きを変えないようであれば、首輪の方も優しく引いてみます。

方 法

　ハルティ・トレーニングは犬を小さな合図に反応することと、引っ張らないことを教えるのに役立ちます。犬を両手で誘導する場合は、最初にどちらのリードを使うのか注意してください。例えば、歩き始めるのであれば、首輪に最初の合図を出します。向きを変えたければ、最初の合図はハルティです。多くの人々が習慣的に力をこめてリードを持っており、犬が引っ張っていなくてもグッとコブシを握っています。犬が動いていない時も常にリードがたるんだ状態でいられる練習をしてください。犬は自分でバランスをとって立っているべきで、5番目の肢（リード）で支えられているべきではありません。引っ張ると、犬の引っ張りはさらにひどくなるものです。自分自身の引き癖を変えていくことで、リードを引っ張るという犬の悪い癖を直すことができます。

　あなたと反対方向へ向けたい場合には、ハルティについている方のリードの一部をマズル部分に当て、犬の頭を行きたい方向へ向けさせるようにします。

このような場合はどうするか

犬がハルティをはずそうとする

　ハルティをつける前の準備でゴムひもを使っていれば、この問題は起こらないはずです。しかし、マズルの近くにあるものにはすべて過剰に敏感な反応をし、ハルティを受け入れることがむずかしい犬もいます。こういった場合は、ハルティにリードをつけないでおきます。さらに、肢をかけてはずそうとしたら、犬の頭を上げましょう。辛抱強く行ってください。顎の下のストラップがきつすぎないよう気をつけてください。落ち着いて、一貫した態度をとり、エクササイズは短時間にとどめます。私達がこれまで扱ってきたすべての犬のなかで、ハルティをつけなかったのは、たった2頭です。この2頭はどちらも過去に虐待された経験があり、ハルティをつけることを明らかに罰ととらえていました。

リードはハルティと首輪につけます。

ケースヒストリー

サラ、元気いっぱいのジャックラッセルとピットブルの雑種

ペグ・エバタ：

「8月29日の日曜日はサラの誕生日と決めることにしました。というのは、その日サラと私は、Tタッチの奇跡を目撃したのです。ひどく活発なジャックラッセルとピットブルの雑種犬であるサラは、豚のようにブーブー鳴きながら、テリントンTタッチクリニックへ私を引きずるようにして連れて行きました。紹介の最中もじっと座っていることはできませんでした。たしかに、あまり素敵な始まりではありませんでした！

　実際に犬を扱う時間になると、リンダ・テリントン・ジョーンズが私達をまっすぐみつめて訊ねました。「サラを最初にしましょうか？」サラはクラスの先頭に飛び出しました。リンダはサラにハルティを装着し、登山用ロープを安全に体に巻き、サラが必死にしっぽを振るのは喜んでいるからではなく、恐怖と不安さの表れだと言いました。リンダはサラの体にTタッチを始めました―その安定した円の動きがサラを落ち着かせました―私がサラのしっぽと背中にTタッチをしている間、しっぽを動かさないようにと指示を受けました。サラのしっぽの動きを止めるとすぐに、サラは体を感じ、集中し、ヒーリング・ワークが行われているのを吸収できるようになりました。

　その後まもなく、リンダは床に置かれた迷路でサラの誘導をすることができました。これはTタッチ・ワーク前なら不可能だったことです。他の犬たちがクリニックの上の階で指導を受けている間、私達はTタッチを続けました。サラは、その日1日中ハルティと登山用ロープを身につけていました。3時間後のお昼休み前には、ずっと落ち着き、床に伏せて他の犬を観察していました。ワークショップの参加者達が「奇跡ね！」と、声をかけにやってきました。まさにそのとおりでした。この経験は、私とサラの関係を改善するきっかけになりました。リンダのしてくれたTタッチには大変感謝しています。ありがとうございました。」

ケースヒストリー

ニコ、ジャーマン・シェパード
攻撃的

シンシア・ダキーニ：

「私は3頭のジャーマン・シェパードと暮らしています－マックス（アルファ犬）8歳、コンテス7歳、ニコはほぼ2歳。ニコは子犬の時、2回、それぞれ別の犬から噛まれました。1頭はマックスで、ニコの顔を噛みましたが、今は幸運なことに仲良く暮らしています。しかしそうした経験により、成長したニコは見知らぬ犬を信用しなくなりました。実際、犬の姿が目に入った途端に襲うのです。

ニコはドッグショーでは、通常良い子のようにふるまいますが、リングのなかで時折攻撃性がみられることがあります。これがリンダ・テリントン・ジョーンズの本を手に入れた理由で、そこに書かれていた技術を試してみました。ニコを落ち着かせ、自信を持たせようと、クラウデッド レパードのTタッチと耳のTタッチを行いました。ニコをハルティで誘導することで、私はより上手に犬をコントロールできるようになり、さまざまな障害と折り合いをつける手助けとなりました。

これは本当に奇跡のようでした！次のショーでは、だれもが私の連れている新しい犬のことを知りたがりました。皆、この落ち着いてリラックスした犬がニコだとは信じられなかったのです。その後、ニコは「ベスト・オブ・ブリード」を2度受賞し、他にも重要なタイトルを獲得しました。

ニコと私の他の犬たちは、毎晩のTタッチ・セッションが大好きです。本当に楽しみにしているようですし、その後は皆幸せそうに眠ります。」

ロビンとショーニーが両手を使ってハルティで犬をリーディングしています。

ボディ・ラップ
リーディング・エクササイズの補助道具

ボディ・ラップにより、犬は自分自身の体への感覚が高まり、動きや行動により自信を持つことができるようになります。大きな音を怖がる犬、神経質、過度に活動的、車に乗るとパニックを起こすような犬に特に効果があります。また、怪我をした犬の回復を早めるだけでなく、年をとった体の固い関節炎を抱えた犬にも役立ちます。ラップの方法にはいくつかバリエーションがあります。どのボディ・ラップがあなたの犬に最適かを試してみましょう。

どのように行うか

腰回りに何か巻かれることに神経質な犬、また膝や腰に問題のある犬には、主にハーフ・ラップを用います。バンデージの中心を犬の胸に合わせ、背中とお腹で交差させます。両端は背中部分でしっかりと安全ピンなどでとめます。

このボディ・ラップはハーフ・ラップを延長した形です。安全ピンでバンデージの端をとめるのではなく、背中でもう一度交差させた後、犬の腿の内側を通します。その後両端を（交差させずに）背中の上まで持ってきてから安全ピンでしっかり押さえましょう。大型犬の場合は、バンデージが2本必要になるかもしれません。

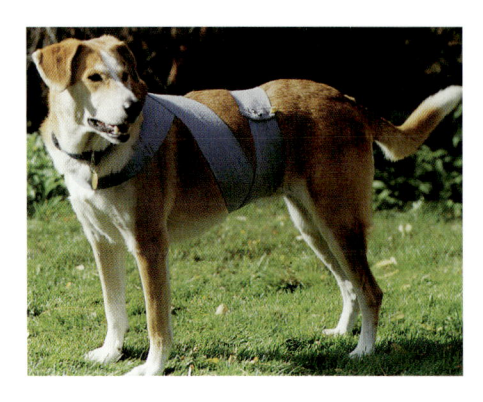

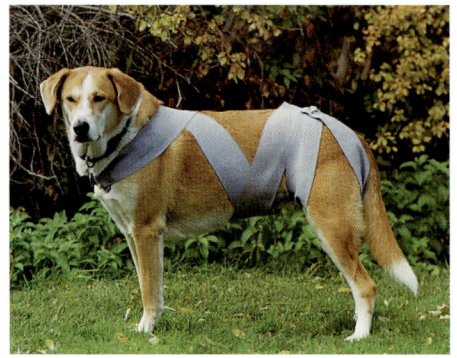

方 法

　イラストのような形がもっともよく使うボディ・ラップの型です。巻きやすく、とても効果的です。ボディ・ラップには伸縮性のバンデージを使います。犬の胸部分にバンデージの中心が来るようにし、背中で一度交差させます。その後両端とも（交差させずに）両肢の間を通して、腿の外側に持っていきます。バンデージの両端を、体の両脇のバンデージ部分に通し、背中で結びます。バンデージができるだけ平らになるようにしてください。緩すぎると、効果が薄れます。逆にバンデージがきつすぎると、犬の動きを制限し、循環を悪くしてしまいます。

　写真はボディ・ラップのもうひとつのバリエーションです。短い側と長い側ができるように犬の首にバンデージを巻きます。それを片方の肩の上で一重結び（または安全ピンでとめる）をつくります。長い方を背中からしっぽまで伸ばします。バンデージは肢の間を、後ろから片腿に沿って通し、背中の上にかけて反対側に持っていきます。バンデージは前から腿の内側に沿って通し、しっぽの脇の背中部分まで上げます。それが、最初に背中に沿わせたバンデージのところまで来たら、その下を通し、肩の部分まで伸ばし結びます。

このような場合はどうするか

ボディ・ラップを行うと、犬が動かない、怖がっているようだ、伏せてしまう

　腰や膝が敏感な場合、全身のボディ・ラップでは刺激が強すぎる可能性があります。代わりに、ハーフ・ラップを試してみましょう。ハーフ・ラップで、犬の運動機能が向上することがよくあります。犬がもし怖がっているようならば、ボディ・ラップへの準備として、腰部へのTタッチを行っても良いでしょう。もしくは、初めはハーフ・ラップを使い、新しい感覚に慣れる手助けをします。

ボディ・ラップをつけてグラウンド・ワークを行うと、神経質な犬により自信を持たせる役に立ちます。

ケースヒストリー

コーディ、オーストラリアン・シェパード
誘導するのがむずかしい

フィリス・バウワーレイン：

「私が最初にコーディに会った時、彼は元気な暴れん坊の子犬でした。長く注意を向けることはできず、マナーもまったくなっていませんでした。飼い主のウィルマは、それを不愉快に思っていましたし、生活上の悩みの種になっていました。コーディが常にリードを引っ張るので、それを直そうと引っ張り返すことにも疲れていました。私が会いに行く前日に、コーディの爪を切ろうとしたようですが、まったく無理だったようです。

コーディにTタッチを試してみましたが、たしかに困難でした。体を左右に動かし、くねくね動き回り、私の手を噛もうとするのです。ボディ・ラップをしてみましたが、コーディにとっては噛むおもちゃでした。ところがハルティをつけ、リードをつけて歩く練習に外へ出ると変化がみられたのです。すぐに反応し、集中し、私の言うことを聞くようになり、リードを引っ張らなくなりました。数分後、ウィルマが誘導しましたが、行儀よく従っていました。15分もすると、私達がTタッチを体や口に行っている間、静かに座っているようになりました。

私達は室内に戻りました。コーディはウィルマの隣に横たわっていました。とてもリラックスしていて、体中にクラウデッド レパードのTタッチやラクーンのTタッチを行っていても、まったく動きませんでした。ウィルマによれば、これまで一緒に暮らし始めてから、これほど長い間コーディに触れたことはなかったそうです。ついにコーディは眠ってしまい、私達はそのまましばらく話を続けていました。私が帰ろうと立ち上がると、コーディが目を覚ましたので、いつものリードで外を歩きましたが、まったく問題はありませんでした。

2日後ウィルマから、最初の私達のミーティング以来コーディがずっと行儀がよくなったと電話がありました。散歩か

ケースヒストリー

ら戻ってきて足を拭く時も、おとなしく立っているそうです。ウィルマは私が奇跡を起こしたと言います。もちろんそれはお世辞だとしても、コーディに変化があったのはテリントンTタッチ・ワークのおかげであることは真実です。」

スパーキィ、雑種犬
リードを引っ張らずに歩くことがむずかしい

「2歳のコリーとラブラドールの雑種犬を飼うトレーシーから、助けてほしいとの連絡がありました。スパーキィは子犬の頃にいくつかのしつけ教室に参加した経験がありますが、いまだにリードの引っ張りが直らないようでした。それに加え、スパーキィは元気いっぱいで、挨拶をしようと人間に飛びつくのです。

トレーシーは、引っ張りをやめさせたくて、嫌々ながらプロングカラーも試しました（スパーキィは集中できないだけでフレンドリーな犬なので、このような厳しいトレーニング用具を使いたいとは思いませんでした）。しかし、問題はさらに悪化しただけでした。スパーキィは、異なるトレーニング方法に混乱したのだろうというのが、私の印象でした。ボディ・ラップとハルティで、スパーキィの行動は完全に変わりました。すぐにリードの引っ張りをやめ、落ち着き、集中したのです。クラウデッドレパード、ライイング レパード、アバロニ、耳のそして口のTタッチなどいくつかをトレーシーに指導しました。こういったTタッチは、トレーシーとスパーキィがより深い関係を築く手助けになります。」

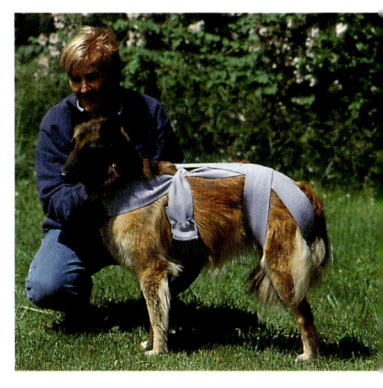

ボディ・ラップはさまざまな形でつけることができます。

ダブル・ダイヤモンド
リーディングの補助

ダブル・ダイヤモンドは攻撃性のある犬や、飛びかかる犬、コントロールのできない犬をトレーニングするのに役立つリーディングの補助です。また、リードをつけて歩くのを嫌がる犬や、そこで伏せてしまう犬などは、ダブル・ダイヤモンドで歩くと効果があります。

方法

柔らかくなめらかな、伸びないナイロン製のロープを使います（船用または登山用ロープも適しています）。コンタクト部分が広くなるように、ロープを二重に使うことをお勧めします。ロープの長さは7、8メートル、小型犬には0.5センチ、大型犬には幅1センチのものを用います。

二重にしたロープの中心が犬の胸にくるようにし、両端を肩の上で交差させます。その後ロープの両端をお腹の下で交差します。再び両端を背中に持ってきて、背中より少し上で結び目をつくります。ロープを手から放してもそのまま背中にのっているように、さらに本結びをします。リーディングのため手を通すところが必要であれば、ロープの端にもうひとつ結び目をつくると良いでしょう。

どのように行うか

ダブル・ダイヤモンドを優しく前に引き、テスに速く歩くよう合図を出しています。こういったエクササイズは犬の両側で行うことをお勧めしますが、これは両側の脳を活性化するためです。それだけでなく、飼い主と犬の首・肩・足にも健康的です。

犬のハーネス
リーディングの補助

ハーネスを使ってリードの引っ張りを直すことに成功している飼い主もいます。引っ張らない犬を飼っている飼い主でも、首輪よりも人道的だと考えてハーネスを使っている人がいます。チョークチェーンで怪我をしたことがある犬には、首輪に代わるものとしてハーネスが良いでしょう。ハーネスはハルティと合わせて使うことができます。

🐾 どのように行うか

両手で犬をリーディングする時は、リードは親指と人差し指の間を通して、緩く持つようにしてください。こうすると、小さく、かすかで、効果的な合図を送ることができます。人間が快適な高さで手を平行にしてリードを持ってください。写真で、私はテスよりもほんの少し後ろを歩いており、手を犬の体と平行にしています。この位置から、いつでもテスに曲がる、止まる、速く歩くという合図を出すことができます。

方法

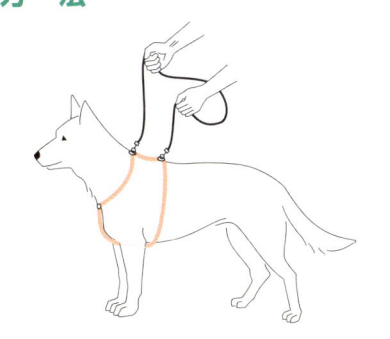

犬のハーネスにはさまざまな色とサイズがあります。上部 – 脊椎に沿っているところ – にリングが2つついているものが好ましく、写真のようにリードをつけることで、引っ張ることを防ぐと同時に、より効果的な方向指示を出せます。前のリングまたは後ろのリングにだけリードをつけると、多くの犬がジグザグに歩いてしまいます。これは明確な合図が伝わっていないからです。エネルギーが有り余っている、集中できない、リードを引っ張るなどの犬には、写真のようにリードの両端を2つのリングにつけて、両手でリードを持つのが良いでしょう。

伝書鳩のジャーニー
2人で行うリーディング・エクササイズ

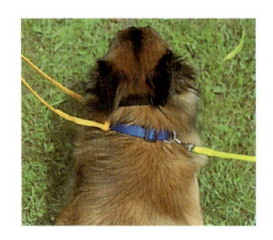

伝書鳩のジャーニーは、両側から動物をリーディングする技法です。私は長年この方法を用いて、気むずかしい馬を動かす時やコントロールする時に使ってきました。この方法は犬にも同様に効果があります。神経質な動物に自信を持たせることができます。明確な方向指示が出されると同時に、先に出て歩くこともできないからです。人が両側にいると、守られていると感じる犬もいます。このリーディング位置は過度に活発で集中できない犬に特に効果的です。

🐾 どのように行うか

ワンド（杖）で

ロビンと私は、リードを緩く持ち、真ん中に立って伝書鳩のジャーニーを使っています。2本のリードをそれぞれ首輪の反対側につけるよう気をつけてください。ショーニーにワンドで方向を示し、ショーニーは集中して歩いています。

ポールを越える

まだショーニーが不安を感じているので、ロビンと私は、ショーニーと一緒に障害の上を歩いています。目標は、ショーニーが私がそばにいることに慣れ、同時に障害を通ることに集中することです。

このような場合はどうするか

ワンドがない、または使い方がよくわからない

棒を使っても良いし、何か似たものを使います。棒で虐待を受けた経験のある犬は、リード、あなたの声、ハンドシグナルを使って合図を出しましょう。もちろんワンドなしでもこのトレーニングはできますが、練習するとワンドは非常に役に立つ補助道具となります。

迷路で

ショーニーは両側からリーディングされることに、まだ不安を感じているようです。私はワンドでショーニーを撫でながら、関係を築こうとしています。ロビンはハルティに合図を送りながら、ショーニーに角を曲がって歩かせようとしています。ショーニーが最初のハルティへの合図に反応しなかったので、ロビンは首輪へ追加の合図を出しました。

方　法

両側からリーディングする場合は、2本のリード、フラットタイプの首輪、ハルティ、ワンドが必要です。両方のリードを首輪につけて、そのうちひとつをハルティにつけましょう。リードを首輪につける際には、同じ部分に両者が合図を出さないようにするため、両者の間隔をあけてください。そうしないと犬が混乱するもとになります。2人の人間はそれぞれ1メートルほど脇へ離れて、犬の頭の位置あたりで歩くようにします。合図はお互いに調整する必要があります。スタート、ストップ、向きを変えるための合図は明確に出さなければなりません。これを円滑に行うには、1人が合図を出すリーダーになり、もう1人はこれに補助を出すという形が良いでしょう。リーディングする1人は犬の飼い主の方がよい場合が多くみられます。2人とも見知らぬ人というのは、犬がその人達といても大丈夫であるという場合のみに行うようにします。他の犬への攻撃性がある犬は、この伝書鳩のジャーニーで、非常に安全にコントロールできます。しかし、人への攻撃性がある場合にはお勧めしません。そういった場合には、経験のある陽性強化法を用いるドッグ・トレーナーに任せるか、攻撃性のある犬を専門とする私達のプラクティショナーにお電話をください。

ケースヒストリー

コング、ダックスフンド
ショー・リングで抵抗する

キャサリン・リーマン：

「コングは、ショー・チャンピオンのロングヘア・スタンダード・ダックスフンドです。とても美しい犬で、ショーで勝つことのできる大きな可能性を持っています。ショー・リングに入って審査員が近づくことにコングが問題を示し始めたので、飼い主はテリントンTタッチを試してみようと決めました。

次のショーに登録をしたものの、近くにTタッチクリニックがなかったため、Tタッチを受けるため、1週間私のところに来ました。最初の晩は悪夢のようでした。ヒステリックに吠え続け、あたかも噛みつくかのように家じゅう私の夫テリーを追いかけ回しました。石のように固く感じられるコングの腰周りを重点的に、私はTタッチし続けました。少し落ちつきましたが、まだテリーが動いただけでも興奮していました。

特定の犬種がどのような目的で繁殖されたのかを知っておくことは大切です。ダックスフンドは穴に入り込み、アナグマを殺すために繁殖されてきました。こういった犬は非常に勇敢で、見知らぬ人には必ずしも友好的ではないかもしれません。私達の目標は、コングが「お仕事」を楽しく落ち着いてこなせるようにすることでした。

コングのTタッチ・セッションの長さはさまざまでした。最初は手を優しく移動させ体全体の簡単な診断を行いました。痛みのある部位はないようでしたが、腰部分が非常に固くなっていました。腰部分を重点的に、体中にクラウデッドレパードのTタッチを行いました。1回20分のセッションを4回です。最初はコングの口の周りへ軽く触わることから始めました。夕方の最後のセッションでは、舌の裏側に「ピアノ弾き」などを含む実際のマウス・ワークを5分ほど行いました。

次の夜には、ボディ・ラップを行いました。ボディ・ラッ

犬を両側からリーディングすると…

ケースヒストリー

プをつけると、Tタッチの魔法が起こりました！　コングは落ち着き、吠えたり走ったりするのを止めました。私の膝に上がってきて、胸に頭をつけたのです。私達はみな大変驚きました。コングが私の膝で横になっているうちに、さらにクラウデッド　レパードのTタッチを行いました。この時点で腰が柔らかくなりましたが、引き続きその部分に特別に5分ほどラクーンのTタッチを行いました。

　コングの飼い主は、迎えに来た時に本当に驚いていました。息子とその妻が一緒に来たのですが、コングは息子を全く知りませんでした。コングは普通、知らない人には吠えるのだとブルースから聞いていましたが、私の犬達と静かに立って出迎えたのです。本当のテストは先週出場したドッグショーでしたが、これまでよりもかなり良いものでした。コングは完全にリラックスしていたのです。ブルースは信じられなかったようでしたが、今ではこれからもショーに出続けることと、優勝できる可能性のあるコングの助けになるようにTタッチを使い続けることを楽しみにしています。

集中力と整合力の向上に効果的です。

コンフィデンス・コース

何のために行うのか？

　犬はコンフィデンス・コースを楽しみます。アジリティのコースを夢中になって走る犬達を見たことがあるでしょう。ジャンプ台を跳び、トンネルをくぐり、スラロームを通り抜け、楽しい時間を過ごします。テリントンTタッチ・メソッドでは障害を使いますが、アジリティ競技のためではなく、意識と自信を持たせるために用いています。犬が集中し、耳を傾け、私達の合図を待ち、攻撃性や恐怖心を克服することができるようになります。与えられた仕事に集中しなければならないので、犬は考えることと協力的になることを学習します。アジリティ競技に参加する犬達には、最初は障害を時間をかけてこなすことを教えます。結局はこれが、競技で速く正確に障害物をこなすことにつながります。

　このトレーニングにより、犬は身体的に敏捷かつ柔軟になりバランスをとれるようになります。もちろん達成感も同様に大切です。各エクササイズの小さなステップをこなすごとに褒めていると、犬は大きな自信をつけることができます。

　迷路を歩かせるのは、テリントンTタッチのトレーニングの重要な要素です。人間での研究で、ラビリンスを歩くことは、体および学習能力に障害のある子供の運動機能や整合性を向上させることがわかっています。犬（そして馬も）での結果では、注意力、整合性、協調性、バランスなどが目に見えて向上します。さまざまな床面─例えば板、金網、プラスチック製の板など─の上で犬をリーディングすることは、家のなかのなめらかな木の床や道路の金属の格子など、通常にはない場所の上を通る時のための準備として役立ちます。

　ポールやスター、キャバレッティ、タイヤ、梯子、コーン、シーソーなどの障害を使ったトレーニングは、犬の集中力向上に役立つだけではなく、犬もこのトレーニングを楽しむことができます。

ラビリンス。

障　害

- **6本のポール**：ラビリンスにはプラスチック製のポールが最適です。長さ2～3.5メートル、太さ4～8センチです。1メートルくらいの短いプラスチック製のパイプを使い、それをコネクタを使ってつなぎ合わせても良いでしょう。小さな方が収納に便利です。同じポールを、ポール、スター、キャバレッティなど別の犬のトレーニングにも使えます。
- **板**：長さ2.5メートル、幅30センチ、厚さ約2センチ。丸い木の台を下に置けば、シーソーになります。タイヤ、プラスチックや木の台でボード・ウォークができます。
- **プラスチック製の板と金網**：犬をさまざまな床面に慣らすために使います。板の大きさは1～2メートルが適当です。
- **6本のタイヤ**：犬がどの程度上手にこういった障害をこなせるかによって、タイヤをまとめて置いても良いし、間隔をあけて置いても良いでしょう。
- **はしご**：木かアルミ製のはしごを使います。
- **6個のコーン**：犬が走り抜けるためのスラロームをつくります。コースをつくるためには、ポールなど他のものを用いても良いでしょう。

アジリティの障害は、初めのうちはできるだけ簡単にしましょう。そして犬が学習する手助けをし、ゆっくりこなしていくようにします。スピードを上げるのは、後からいつでもできるものです。

安全のために

- すべての障害を安全に作製することが大切です。動く部分、尖ったふち、破片などに気をつけてください。
- 他の犬に攻撃的な犬を扱う場合には、注意してください。十分な距離を保ちましょう。
- 気むずかしい犬は伝書鳩のジャーニーの位置で（他の人と一緒に）リーディングします。犬のコントロールが容易になり、より速く学習します。

キャバレッティを通ることで、犬の足の運びと運動能力を向上させることができます。

小さな犬でも大きな障害をこなすことを学習します。

ラビリンス
集中力を養う

ラビリンスはもっともよく行われるエクササイズのひとつです。この障害を行うと、犬の集中力、調整力、服従心、バランス等すべてが目を見張るほど改善されます。ポールにより示された境目により、犬はあなたに集中すること、あなたの声、ボディ・ランゲージ、そしてリードを介して出す、かすかな合図に注目することを学習します。

どのように行うか

ショーニーはハルティを装着するという新しい感覚に慣れなければならないので、そこから気持ちをそらすためにラビリンス内をリーディングされながら歩いています。ロビンはショーニーを見て、リードの上下でスピードをコントロールできるように、ショーニーの方を向いています。またロビンは動く方向を示すために、右腕と上半身の向きを変えています。ショーニーのように、犬がポールの中心を歩くようにします。

前から見ると、ロビンの手の高さに違いがあるのがわかります。犬とハンドラーの距離も観察してください。リードは両側ともに緩く保たれています。再びロビンはショーニーを見て、スピードをコントロールするため上半身の向きを変えています。

方 法

　攻撃的な犬や怖がりの犬と他の落ち着いた犬（犬達）が同時にラビリンスのなかを歩くのは良いエクササイズです。落ち着いた犬が最初に行っても、後から行ってもかまいません。「犬に攻撃的な犬」を扱う場合は、落ち着いた犬の前を通り過ぎる際には十分な距離をとるようにしてください。

　写真は、たった一度のエクササイズの後、ショーニーがテスの近くに行ってもおとなしくしていられたデモンストレーションです。攻撃性を完全に消し去るには、頻繁に行う必要があります。1頭の新しい犬だけでなく、他の見知らぬ犬とも行います。この非習慣的なエクササイズ—攻撃的な犬とおとなしい犬が一緒に行う—で攻撃的な犬の行動を完全に変えることが可能です。ラビリンスが、習慣化した行動パターンを変えるのに役立つ境界となるのです。

1．2頭がラビリンス内をリーディングされている最中に、ショーニーがテスに飛びつこうとしています。ロビンはハルティでショーニーの頭の向きを変え、首輪についている方のリードを引いて、ショーニーを自分の方へ向かせています。

2．今度はロビンが2頭の犬の間に入っています。ショーニーが不安そうにテスを見ており、襲いかかる準備をしています。ダブルリードとハルティにより、ショーニーはコントロールされやすくなっています。

3．何度か練習した後、私はテスと1カ所にとどまりました。ロビンが私達に向かって歩いてきます。ロビンと私が2頭の間に位置していることを見てください。

4．ショーニーがおとなしくしていれば、ロビンは、ショーニーにテスの方を向くことを許しています。同時にショーニーを落ち着かせ、コンタクトを持つためにワンドで撫でています。

プラットホームとボード

信頼と自信

　最初のエクササイズ、プラットホームは板をタイヤの上にのせて地面から離し、両側に焦点の境界となるポールを置いたものです。プラットホームの幅に基準があるわけではありませんが、最初に犬が自信を持てるくらいの十分な幅をとるようにしてください。2番目のボードは、幅30センチ、長さ2.4メートルの2枚の板で行います。この2つの障害を行うことで、身体的、精神的、感情的なバランスを発達させ、集中力を上げる効果があります。

　タイヤの上のプラットホームは、例えば、すべりやすくいつもと違う足場、向こう側が見える階段など、慣れない環境に神経質になる犬に役立ちます。地面にある幅の狭い平らなボードの方が、犬がバランスをとるのに困難なことがあります。アジリティコースにある高いボードなど、上級の練習への第1歩となります。

🐾 どのように行うか

　Tレックスは、両側からリーディングされた方が、より集中できる若い犬です。カーステンと私は、Tレックスがプラットホームをすべて歩ききってしまう前に止めさせます。これは、速度を緩めること、そして行動を起こす前に考えることを、Tレックスに学習させるためです。

　Tレックスはワンドについて静かにプラットホームの上を歩いています。リードは真ん中で少し緩めに保たれています。私のリードが、カーステン側とは反対の首輪のリングについているのを見てください。リードが同じリングについていると、犬を混乱させる合図を送ることになってしまいます。

プラットホームとボード **97**

このような場合はどうするか

犬の気が散っており、注意を向けていない

　自分が心から集中するようにします。障害の前に数秒時間をかけ、犬に何をして欲しいのかを、心のなかに明確な映像を浮かべられるようにします。それからボードへ行き、犬が見せる小さな進歩に、声をかけたり、肩へ静かに数回円のTタッチを行うなどのごほうびを与えるようにします。

　こうして1枚の板の上を歩くことが、犬の体および感情のバランスに深い影響を与えます。1枚板の上を自信を持って、注意しながら、足元をしっかりと歩けるようになるまで、2枚の板を使います。障害の高さを上げ、ボード・ウォークをつくるには、タイヤやプラスチック製または木製のブロックを下に置くのが良いでしょう。

　2枚の幅の狭い板を近づけて置き、テスがポールの境界がない状態で、どう対処するかを見ています。私の目標は、テスが1枚の板の上だけを歩くことです。最初は1枚の板から始めたのですが、バランスをとるために2枚目の板に肢をかけています。そしてワンドは見ていません。

　2枚のボードの片端を離して置き、テスにボードの端を境界としてしっかりと意識させようとしています。ワンドの動きに集中し始めました。

　成功です―テスは理解できたようです。ワンドについてきて、1枚の板でも楽にバランスをとれるようになりました。テスは、板の両端をタイヤやセメントのブロックなどの上に置くという次の段階に移ることができます。

金網とプラスチック製の床面
バランスと自信

　金網やプラスチック製の床面の上で犬をリーディングすることは、どんなに見慣れない、またはすべるような床の上でも、あなたについてくることを教えるのに良い方法です。

　どのような床面でも、恐れることなく安全に歩かなければならないセラピー犬や救助犬のトレーニングには重要なエクササイズです。マス目の細かいウィンドウ・スクリーン素材を枠に貼りつけて、見慣れぬ床面をつくります。氷のような床面には、割れないくらい固いプラスチックを用いると良いでしょう。

どのように行うか

　ジェシーが、初めて厚い枠につけた細かい網の上を、普通のリードをつけて歩いています。ジェシーはゆっくり歩いており、注意深く足を運んでいます。声をかけて励まし、障害を上手にこなそうとしていることを褒めています。

　若い犬は、障害を通る時、両側からリーディングされると、より速く学習します。カーステンが両手で首輪とハルティについたリードを使い、Ｔレックスをリーディングしています。私はずっと離れて、首輪につけた普通のリードとワンドを使っています。リードは緩ませているので、犬は自由に床面を調べることができます。

方　法

　障害をこなしている間、犬が不安になり、つま先を固くしているような場合には、つま先にラクーンのＴタッチを行い、犬に準備をさせることをお勧めします。こうすると、犬の注意をひくだけでなく、つま先に新たに連携を築くことができます。犬が怖がっていると、筋肉が緊張し、肢全体の循環を制限してしまいます。犬に安心感と安定感を与えるために、ボディ・ラップをしても良いでしょう。犬をやる気にさせるため、障害の上に食べ物を置いてもかまいません。犬に見慣れぬ床面を多く経験させればさせるほど、すべての新しい環境において確信と自信を持つことができるようになります。

　ジョーは両手を使い、ギムリをすべりやすい床の上でリーディングしています。ギムリは床面に鼻をつけながら、集中し注意深く足を置いています。

このような場合はどうするか

アジリティ・コースが近くにない

　私達が使うのはできるだけシンプルな障害です。家にある素材を使ってつくることもできます。アジリティの障害があるようなプロのトレーニング場所は、まったく必要ありません。テリントンＴタッチの障害は裏庭や駐車場に簡単に設置できるものです。普通の大きなプラスチック・シートをすべりやすい床にしたり、網戸を金網にしても良いでしょう。

シーソー
自信

シーソーは、特に犬のバランスを良くし、確かな足場感覚を持たせるために適当な障害です。予期できないような、どのような環境でもあなたを信頼するようになります。シーソーの高さを変えることで難易度を変えることができます。

🐾 どのように行うか

シーソーの前で止まり、犬の注意をひくために、ワンドで軽くシーソーを叩きます。ギムリはジョーの持つワンドについて歩いています。ジョーはギムリの頭のすぐ近くを歩いています。

エクササイズを終える前に、ギムリがシーソーから降りてしまうことを防ぐために、ワンドを使っています。これはジョーが後ろに立ちすぎており、ギムリをワンドについてこさせることを忘れていたために起こった間違いです。

このような場合はどうするか

犬がシーソーから飛び降りる

　障害を簡単なものにします。幅の広いボードと小さなブロックを使います。ボードの上に食べ物を置き、犬にゆっくりと歩かせます。時間をかけ、段階的にゆっくりと進めます。犬が飛び降りたり、まっすぐ歩かないようであれば、ハルティもしくはダブル・ダイヤモンドを使ってみてください。犬をリーディングする際に、あなたは確実に犬の頭のすぐ横にいるようにしてください。

方　法

1．ジェシーは、このボードをシーソーにするため、タイヤにのせる前に地面の上に置いた状態で歩いています。もう一度ジェシーに上を歩かせるため、アシスタントが障害の上に食べ物を置くのを見ています。

2．片側が傾かないように、タイヤの上にバランスを考えてボードを置きました。私はジェシーの肩のすぐ後ろ、胸周りにつけたロープでリーディングしています。これは私が方向をコントロールするのに役立ちます。

3．ボードが傾いたところでジェシーを止めます。ジェシーが落ち着いて待っていられるよう、首輪と胸周りの輪で支えています。

4．軽くなるようにシーソーの高さを上げます。ジェシーが真ん中に立って動きに慣れるあいだ、私は自分の体重をかけボードがゆっくり傾くようにしています。

Aフレームとボード・ウォーク
アジリティ・トレーニングを楽しむ

　Aフレームとボード・ウォークはアジリティ・トレーニングに使われる障害です。あなたとあなたの愛犬が楽しむ以外に、このエクササイズは犬のアジリティ能力、バランス感覚、自信などを高めます。Aフレームは、留め金でとめた2枚の板とチェーンでできています。薄板が犬のすべり止めになっており、勾配角度は調整できるようにします。初めは簡単な角度にしましょう。地面より高くしたボード・ウォーク（写真では両脇にポールを置いています）は、シーソー、Aフレーム、ボード・ウォークをこなす自信をつけさせるために使います。

🐾 どのように行うか

Aフレームを上がる
　ジェシーが慣れるように、アジリティ・トレーニングより低くAフレームをセットしました。私はジェシーが上るのをワンドで手助けしており、ジェシーはそれに静かにゆっくりとついてきています。

Aフレームを下る
　上ることより下ることの方が、むずかしい犬がいます。ジェシーは正しくバランスをとろうとして、足をゆっくりと注意深く出しています。私はジェシーよりほんの少し先に歩いて、ジェシーは進んで私についてきています。

Aフレームとボード・ウォーク **103**

このような場合はどうするか

犬の腰に問題がある

　傾斜で痛みを引き起こすので、Aフレームは避けましょう。階段を上ることや車に飛びのることは腰の問題を悪化させるので、こういったことやその他の運動も制限します。

ボード・ウォーク

　ジェシーは最初、このボードを歩くことを嫌がったために、両側にポールを置きましたが、これはジェシーが自信を持ってまっすぐ歩く手助けとなりました。こうしたことが、ボードを高くするという次のステップに重要なことなのです。

方　法

　急な角度のAフレームや背の高いボード・ウォークなどのアジリティ・トレーニングは、もっと上級の犬のためのものです。ここでは、神経質で不安な犬が、予期していなかった成功を収められるように簡単なバリエーションを紹介しています。なぜならこういったエクササイズはやりがいがあり、動物は新しい経験で自信をつけることができるのです。あなたの犬が早く進みすぎるのであれば、このトレーニングにはハルティと首輪を使います。また、犬の健康、年齢、犬種等によって、犬にどの程度のことを要求できるのかをしっかりと知っておきましょう。安全のため、股関節形成不全や関節炎のある犬には、Aフレームや高さのあるボード・ウォークを使うべきではありません。このエクササイズの目標は、障害をゆっくりと注意深くこなすことです。ですから、犬が先を急ぐようであれば、ゆっくり行かせるようにする必要があります。

キャバレッティ、スター、ポール

アジリティ・トレーニングをもっと楽しむ

キャバレッティ、スター、ポールのエクササイズは、犬の集中力とアジリティ能力を向上させます。意識を持って動くことを学ぶのです。ポールはショー・ドッグの歩調と健康の改善に適しており、アジリティ・クラスの準備にも効果的です。軽いプラスチック製のポールがもっとも良く、キャバレッティやスターにもすぐ使うことができます。5、6本の長さ1〜2メートルのポールが必要です。

🐾 どのように行うか

キャバレッティ

ジョーがギムリに6個のキャバレッティをさせています。ジョーはワンドで行く先を見せながらキャバレッティの脇を歩いていますが、ギムリはポールの真ん中を駆けています。このエクササイズは犬の歩調を改善させ、動きを軽くします。

スター

ギムリがジョーのワンドについて、6本のスターのなかを歩いています。ギムリは、内側を歩いています。内側はポールが高いうえに間隔が狭いので、外側より歩くのがむずかしいのです。調整力をつけるすばらしいエクササイズです。

キャバレッティ、スター、ポール **105**

方　法

1．駆け足で通る際に、ポールの間隔をどのくらいにすれば、あなたの犬にもっとも適当であるかを試してみましょう。自分のバランスとポールをどうやって越えるかにも注意します。あなたのボディ・ランゲージが、犬にやる気を出させたり、影響を与えます。

2．写真の最後のポールが高くセットされているのを見てください。ジェシーは間隔を見極め、リズムをとっています。

3．私もジェシーと並んでポールを越えます。ポールの高さは40センチです。ジェシーと私は完全に同調して動き、とても楽しんでいます。

このような場合はどうするか

犬は参加するけれど楽しんでいない

　成功するたびに褒めることを忘れないでください。あなた自身が楽しめば、おそらく犬も同じように感じます。また、友達やその愛犬達を招待し、一緒にトレーニングすることも考えてみてください。トレーニングを交流の機会にすることで、あなたも愛犬も楽しむことができるでしょう。

はしごとタイヤ

もっと楽しい障害

はしごとタイヤのエクササイズをむずかしく感じる犬もいます。異なる素材や形は、新しい経験になります。それぞれのエクササイズが、予想できない形で犬に影響します。はしごのエクササイズでは、普通のはしごを地面に置きます。タイヤは4～8本使い、さまざまな形に置きます。目的は、目新しく変わった環境に対しても、犬が自信を持てるようにするための難題を与えることです。

どのように行うか

はしごの上を、普通のリードとワンドを用いて、テスのリーディングをしています。テスはワンドにぴったりとついて、はしごの段の間に注意深く足を下ろしています。

ウタと私は、不安から素早く通り抜けようとするジェシーを落ち着かせるためのデモンストレーションを行っています。伝書鳩の位置でダブルリードとハルティを使うと、犬に安心感を与え、自信を持たせることができます。

2歳のスタンダード・プードルであるグレイディが、障害上を初めてリーディングされています。ワンドで前肢を撫でながら、グレイディが障害に集中できるように、落ち着かせています。ロビンはバランス・リードを使っていますが、これはグレイディにバランスをとらせるため、そして前に出てしまうのを防ぐためです。グレイディはタイヤの上を歩くどころか触わるのも不安がっているので、タイヤを写真のように列の間に間隔をあけた形で置きました。こうすると障害が簡単なものになります。目標は犬が成功することなので、最初は障害を簡単にし、そこからむずかしいものにしていきます。こうすると、まずタイヤの間を歩かせることから始めることができます。目的は、犬がへりに沿って歩き、その後はタイヤのなかを歩くことです。

方　法

　はしごを使う時には、犬は自分が何をしているのかをしっかりと注意し、段の間隔に合わせて自分の歩幅を調整しなければなりません。犬が怖がっていて、段の間に踏み込まないようであれば、何度かはしごをまたぐようにしてジグザグに行ったり来たりしたり、他の犬についていったり、段の間に食べ物を置いたりしてみてください。犬が少し不安そうな場合は、はしごの全長を通らせる手助けとして、はしごの片側を壁につけると良いでしょう。片側だけをコントロールをすれば、犬は飛び出せなくなります。

　タイヤを使う時は、へりを歩くところから始めてかまいません。その後タイヤの中心に踏み込ませるなど、難易度を上げていきます。タイヤの真ん中にごほうびを落とすと、やる気の出る犬もいます。

このような場合はどうするか

障害から犬が出てしまう

　はしごやタイヤの脇に、無地のまたは色のついたポールで目に見える境界をつくるのがひとつの方法です。ポールは障害の前の道案内としても有効です。アルファベットのＶの形に置いて、犬にエクササイズの始まりの場所を示します。犬が障害から出てしまったら、再び連れてきて、もう一度試してみましょう。また、最初は簡単な障害から始めるか、今のものを簡単なものにするかのどちらかです。犬には段階的にゆっくり進ませること、そしてあなたは犬より先、頭のすぐ横にいるようにしてください。声やＴタッチで、犬を褒めることを忘れないようにしてください。臆病で不安な犬を扱う時には、ポケットにごほうびを入れておくと良いでしょう。

コーンでスラローム
柔軟性のエクササイズ

コーンでつくったスラロームでは、集中力と柔軟性が強調されます。これも通常のアジリティ・トレーニングでなじみのある障害でしょう。犬にとっても人間にとっても楽しいものです。最初はリードをつけ、ゆっくりとした速度で練習をします。犬が何をすれば良いのかを理解したら、スピードを上げ、リードをはずしても良いでしょう。直線に5個か6個のコーンを並べます。スタートする時には、コーンの間隔は少なくとも犬の体の1.5倍くらいはあけるようにしてください。

どのように行うか

テスがリードなしでコーンの間を走り抜けています。私は手とボディ・ランゲージでテスに指示を出しています。私の右手を見ながら、協力的にタイトなカーブを描いてコーン走りすぎます。犬をやる気にさせるため、時にはごほうびを使ってこのエクササイズを行うのも良いでしょう。

トレーニング・セッションを短時間にすると、セッションの間に犬は学んだことを頭のなかで処理していることがわかります。そして次回ではもっとうまくできるようになっています。

このような場合はどうするか

犬がコーンを飛ばしてしまう

コーンの間隔をあけてみましょう。タイトなターンがむずかしいのかもしれません。もしそうなら、向きを変えるのが困難となる体の問題が何なのかを調べてみます。体の問題でない場合は、柔軟性や集中力が足りないことになります。他のチームがコーンを通るのについていったり、運動性能とバランスを高めるために、いくつかのTタッチを行ってみることも役に立つかもしれません。

方 法

1. ショーニーは自信をつけるため、ハルティとボディ・ラップをしています。ロビンはショーニーにコーンを通らせる時、両手にリードを持っています。

2. ロビンのリードを通した明確な合図でターンを強調します。無駄なく素早く通れるように、できるだけコーンのそばを通ることを覚えなければなりません。

3. スラロームに集中力は重要です。両方向からスラロームを走る練習をし、両側で犬をリーディングしてください。結果として、あなたも犬も柔軟になります。

愛犬とのTタッチ・トレーニング・プラン

名前：＿＿＿＿＿＿＿＿＿＿＿＿＿　　年齢：＿＿＿＿＿＿　　犬種：＿＿＿＿＿＿＿＿＿＿＿

　あなたの愛犬が、Tタッチ、リーディング・エクササイズ、コンフィデンス・コースにどのように反応したか下の表に記入しましょう。1から5で表します。1＝受け入れない；5＝とても喜んで受け入れる

	日付	日付	日付	日付	日付	日付
Tタッチ						
クラウデッド レパードのTタッチ						
ライイング レパードのTタッチ						
パイソンのTタッチ						
Tタッチの組み合わせ						
アバロニのTタッチ						
ラマのTタッチ						
ラクーンのTタッチ						
クマのTタッチ						
タイガーのTタッチ						
タランチュラの鋤引き						
ヘアスライド						
牛のひとなめ						
ノアのマーチ						
ジグザグのTタッチ						
お腹のリフト						
口のTタッチ						
耳のTタッチ						
レッグ・サークル：前肢						
レッグ・サークル：後ろ肢						
つま先へのTタッチ						
つま先でのTタッチ						
爪切り						
しっぽのTタッチ						

	日付	日付	日付	日付	日付	日付
リーディング・エクササイズ						
フラットタイプの首輪						
バランス・リード						
ワンドのトレーニング						
ハルティを使う						
ハルティでリーディング（リードなし）						
ハルティでリーディング						
ハーフ・ボディ・ラップ						
ボディ・ラップ						
ダブル・ダイヤモンド						
犬のハーネス						
伝書鳩						

	日付	日付	日付	日付	日付	日付
コンフィデンス・コース						
ラビリンス						
プラットホームとボード						
金網の床面						
プラスチックの床面						
シーソー						
Ａフレーム						
ボード・ウォーク						
ポール						
スター						
キャバレッティ						
はしご						
タイヤ						
スラローム・コース						

問題行動を解決する

すべりやすい床面でのリーディング・エクササイズは、犬に自信を持たせます。

犬が怖がりである

多くの犬は、恐怖を明確なボディ・ランゲージで表します。しっぽを後ろ肢の間にしまい込み、服従姿勢をとり小さくなります。他のサインとしては、不安そうに舐める、排尿する、お腹を出す、ジッと目を見据える、完全に体が固くなるなどがあります。過度な恐怖は、攻撃性につながることがあります。唸る、噛みつこうとする、噛むなどの行動を始めるかもしれません。

Tタッチ・ワークがどのように役立つか

怖がっている犬には重要なものが欠けています。自己確信と自信です。自尊心の低い犬は、しばしば他の犬や人との接触を避けます。そういった犬はリラックスする時がほとんどないので、あまり楽しい生活を送っていません。Tタッチがこういった問題を克服する手助けをします。ボディ・ワークを通し、犬に自分の体をよりよく意識させることができるために、自己尊厳と自信を育てることができるのです。

犬の頭部から耳へのTタッチで始め、ライイング レパード Tタッチへとつなぎます。犬がTタッチを避けるようなら、手の甲を使ってみたり、他のTタッチを試してみましょう。犬の体全体に行います。

最後に、腰周りとしっぽに行います。腰周りにTタッチを行う時に、気にするそぶりをみせたら、ハルティやワンドを使うことをお勧めします。恐怖を示さず、受け入れるようになるまでワンドで撫でましょう。犬がこれに慣れたら、手で行う円のTタッチに変えられるはずです。ごほうびを食べさせることで、犬がリラックスする場合があり、恐怖心を軽減できます。犬を落ち着かせるために、柔らかな声のトーンで話しかけましょう。1回5〜10分のTタッチ・セッションをお勧めします。定期的に―例えば1日1回このセッションを行うと、犬の精神状態がかなり改善されることが明らかにわかるでしょう。

詳しくは

耳のTタッチ 58p、ライイング レパードのTタッチ 32p、ラ

マのTタッチ37p、ラクーンのTタッチ38p、ボディ・ラップ82p、ハルティ76p、ラビリンス94p

犬に攻撃性がある

　不適切な状況で唸る、攻撃的に吠える、または噛むなどの傾向がある犬にTタッチは役立ちます。しかし病気による攻撃的な行動は例外です。攻撃性を表す引き金となるのは、たいてい不安、群のなかの順位が不安定、痛み、または恐怖によるものだと私達は考えています。しかし、攻撃的になることを目的に、繁殖されたり訓練を受ける特定の犬種もいます。

ラビリンスのトレーニングで、犬は攻撃性を克服することを学習します。

Tタッチ・トレーニングがどのように役立つか

　攻撃性にはさまざまな原因や表れ方があり、複雑な問題です。したがって、攻撃的な犬にはそれぞれ異なる対処法があります。危険になり得るような犬を脅かすことは絶対に避けなければなりません。犬があなたを知っていて信頼しているのでない限り、犬の目を直視しないという基本的ルールに従います。犬があなたを見るために顔の方向を変えなけれけばならないような状況をつくって近づいていきましょう。犬の名前を呼んで、優しい声で親しげに話しかけます。あなたの手に不安を感じているようならばワンドを使ったボディ・ワークから始めます。触わられて気持ちよさそうにしている場所から、ワンドのボタン状になっている側で円のTタッチを行っていきます。少しでも成功したら良しとし、時間をかけ、犬に多くを要求しすぎないようにします。

　犬がワンドでのTタッチを楽しみ、あなたを信頼しているようであれば、犬にボディ・ラップをつけて、手で行う通常のTタッチを始めます。自分の体にしっかりとした感覚が得られるため、攻撃的な犬にはボディ・ラップや、時にはダブル・ダイヤモンドが役立ちます。さらに、ダブル・ダイヤモンドを使うことで犬をよくコントロールすることができます。リーディング・エクササイズとハルティを使ったグラウンド・ワークをできるだけ早く始めます。これにより、犬は本能的な恐怖反応を克服することを学習できるからです。ある課題に集中することで考えることを学習し、以前のように簡単に気が散らないようになります。成功を経験することで、犬は楽しいと感じるようになり、自信がついてきます。他の犬に攻撃的になる犬を扱う時には、他の犬と一緒に（安全な距離を保ちながら）障害をこなすと良い

でしょう。また、猫や他の動物を敵対視するような犬の場合、こういった動物のいるそばでボディ・ワークを行います。これは動物を攻撃するという衝動を克服することに役立ちます。

人への攻撃性がある犬を扱うことに経験のあるトレーナー達は、テリントンTタッチで大きな成功を収めたと話しています。しかし、多くの経験を積み重ねていない限り、こういった動物を扱おうとしないでください。注：犬の性質に不安がある場合は、安全のためにマズルが非常に役立つ道具になります。

詳しくは

　クラウデッド レパードのTタッチ 28p、ライイング レパードのTタッチ 32p、口のTタッチ 54p、ボディ・ラップ 82p、ハルティ76p、ラビリンス 94p

犬が神経質である

　神経質な犬は落ち着きがなく、呼吸が速く不規則で、パンティングをしたり（息をハアハアとする）、しばしばコントロールしにくくなります。生まれつき神経質な犬もいますが、（人間同様に）ストレスが原因なこともあります。

Tタッチ・ワークがどのように役立つか

　神経質な犬にはTタッチが向いています。なぜなら、体の緊張を解放してリラックスすることを学ぶからです。この新しく学んだリラックスできる能力が、後にストレスのかかった状況でも出現します。体全体への円のTタッチから始め、犬が触わられて気持ちの良い場所へと集中していきます。犬の呼吸を整えるのに役立つので、耳のTタッチとお腹のリフトを試してみるのも良いでしょう。ボディ・ラップと口のTタッチも神経質な犬には向いています。口のTタッチは、感情をつかさどる脳内の大脳辺縁系に影響を与えるので特に効果があります。見落としがちですが、不安を感じているサインは、非常に素早くしっぽを振り続ける行動です。犬がリラックスできるようにするには、しっぽの根元の先端を、優しく、そして力強い手でしっかりと押さえていられるようにする必要があります。

詳しくは

　クラウデッド レパードのTタッチ 28p、ライイング レパードのTタッチ 32p、口のTタッチ 54p、お腹のリフト 52p、ボ

タオルでのお腹のリフトは、犬の呼吸を整え、腹筋と背筋をリラックスさせます。

ディ・ラップ 82p、ハルティ 76p、ラビリンス 94p

犬の無駄吠えがひどい

　犬が常に吠えていると、その犬の周りにいる人達だけではなく、その犬自身も疲れ果ててしまいます。これは犬が常にストレスを受けた状態にいるからです。行動が理性ではなく感情につかさどられている場合には、犬の反応は悪く、学習することができなくなっています。テリントンＴタッチ・メソッドは、こういったむずかしい状況を解決する助けになるでしょう。

Ｔタッチ・ワークがどのように役立つか

　Ｔタッチ・トレーニングの基本ルールのひとつは、あなたが望む行動を明確に頭のなかでイメージすることです。ですから、吠えている犬に向かって歩いていき、犬が静かにしている姿を想像するなど具体的にイメージしてみてください。オスワリをさせ、耳のＴタッチから始めましょう。落ち着いてきたと感じたら、次第にスライドの速度を落とします。さらに静かにさせるため、体全体にライイング レパードのＴタッチを行いましょう。

　口のＴタッチも絶えず慢性的に吠えている犬には役立ちます。これは口のＴタッチが、感情をつかさどる脳内の大脳辺縁系に影響を与えるからです。口のＴタッチを始める時には、犬が吠え始めるのを待っていないで、いつでも行いましょう。吠えることと直接の関連づけなしでも、行動を大きく変えることができます。

詳しくは

　耳のＴタッチ 58p、ライイング レパードのＴタッチ 32p、口のＴタッチ 54p、しっぽのＴタッチ 70p、ハルティ 76p

犬が分離不安である

　犬は群の一員であるという習性を生まれつき持っている動物です。そのために、あなたやあなたの家族が犬をおいて出かけてしまうと、落ち着かなくなったり、不安になるのは当然なことです。それでも犬は一定時間１頭でいることを学習可能ですし、また一時的に飼い主に代わって世話をしてくれる他人を受け入れることもできます。

断尾した尻尾の切断部分にラクーンのＴタッチの円を描くと、「四肢幻痛」により起こる緊張を和らげることができます。

ライイング レパードのＴタッチを行う手の温かみが体と心をリラックスさせます。

Tタッチ・ワークがどのように役立つか

　分離不安に悩む犬の多くは、若く、怖がりで、自信がありません。したがって、ボディ・ワークを通じて犬に自信をつけさせることが大切です。他の人に慣らしたり、信頼することを学ばせるのも効果があります。体全体への優しいライイング レパードのTタッチは、自信をつけさせることや自制心を持たせることに役立ちます。ボディ・ラップも、犬に安心感や守られているという気持ちを与えることができるので便利な道具です。

詳しくは

　ライイング レパードのTタッチ 32p、しっぽのTタッチ 70p、ボディ・ラップ 82p

リードをつけて歩くのがむずかしい

　犬がリードを引っ張る、あちらこちらへと行ってしまう、遅れるなどであれば、特定のリーディング・エクササイズを行いましょう。

Tタッチ・ワークがどのように役立つか

　テリントンTタッチ・メソッドにいくつか解決策となるものがあります。ハルティを使ったリーディング・エクササイズは、犬が引っ張る場合に行うと良いでしょう。ハルティを使うことにより、犬に明確なシグナルを送ることができるようになります。犬の前肢と後半身をコントロールする補助になるバランス・リードとダブル・ダイヤモンドも役に立ちます。乱暴な犬をリーディングする時は、犬を撫でて落ち着かせるためにワンドを使います。

口のTタッチは犬の退屈をなくすのにも役立ちます。

詳しくは

　ハルティ76p、バランス・リード 74p、ダブル・ダイヤモンド 86p、ボディ・ラップ 82p、ワンド 75p

犬があらゆるものも噛む

　犬が靴や家具などに噛みつく行動は、子犬でよくみられるものです。それが続いてしまうと悪い癖になることもあるでしょう。多くの場合、過度に物を噛む行動には、甘噛み、運

動や刺激が不足している、またはひとりぼっちにされているといった原因があります。

Tタッチ・ワークがどのように役立つか

　甘噛みを解決させるのに役立つ口のTタッチを試してみてください。歯の上の歯茎に小さなしっかりとしたラクーンのTタッチを行い、不快さをなくしてあげます。5分間のセッションを2、3回行うと、不適切なものを噛むことが減ります（さらに噛んでも良い安全なおもちゃを与えましょう）。口のTタッチを行うことで、犬はより早く容易に甘噛みの時期を過ごすことができるでしょう。つめたく冷やした布やフランネルでTタッチを行うのも良いでしょう。犬の物を噛む行動を止めさせるには、5分間のセッションを数回行えばたいていの場合は十分です。

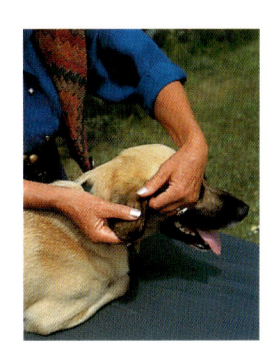

耳への円のTタッチで、車酔いや不安感を軽減することができます。

詳しくは

　口のTタッチ 54p

犬が車に乗るのを不安がる

　多くの犬は車に乗るのが大好きです。しかし、犬が車で悪い経験―例えば車酔い、怖い思い―をしていると、車に乗ることが問題になることがあります。

Tタッチ・ワークがどのように役立つか

　犬が車酔いをする場合は耳のTタッチを行いましょう。耳へのスライドは、嘔吐やよだれなどを予防し、犬を落ち着かせます。犬が車のなかで吠えたり、不安げに走り回るようならば、友達に運転を頼み、あなたは犬をコントロールするためのハルティをつけましょう。しかし車を使う前に、ハルティをつけて犬をリーディングする練習はしておくべきです。エンジンを始動する前に、数分のボディ・ワークをします。次の段階として、ボディ・ワークを続けながら、車を頻繁に止めながら進めます。次のセッションでは徐々にドライブの時間を長くし、犬が落ち着いているようであれば、運転手に速度を上げてもらいます。通常、数回のエクササイズで、犬は快適に過ごせるようになります。ボディ・ラップも役に立ちます。安全のため、車内では犬を固定して置くのがよいでしょう。シートベルトやクレートを使うことをお勧めします。

コンフィデンス・コースのグラウンド・ワークは過度に興奮しやすい犬に効果があります。

詳しくは

耳のTタッチ 58p 、ハルティ76p 、ボディ・ラップ 82p

犬が過度に興奮する

　生まれながらにして過度に興奮する性質の犬もいます。特に活動的な犬種もあります。最近のライフスタイルのなかでは、どの犬にも十分な運動量を与えることが非常にむずかしくなっているようです。犬が都市生活により良い形で適応できるように、Tタッチでたまったエネルギーを減少させることもできます。ただし人は自分のライフスタイルやニーズに合った犬種を常に初めから選ぶべきです。もちろんドッグシッターを雇ったり、犬が集まって遊ぶことができるような公園へ連れて行くことで、確実に犬に運動をさせることができます。

　しかし長時間のお散歩や遊び、大暴れをした後でも、ほんの短時間しか休まない過度に活動的な犬もいます。こういった犬はたいてい神経質で、長い時間ひとつのことに集中しません。こういった行動は、時に病気が原因であり、そのために診察を受け治療が必要とされる場合もあります。しかしこういった場合でもTタッチ、リーディング・エクササイズ、コンフィデンス・コースが役に立ちます。

Tタッチワークがどのように役立つか

　Tタッチのあらゆるボディ・ワークは犬の行動を変えます。時には、ほんの数回のセッションが驚くべき結果につながる場合もあります。

　耳のTタッチと全身に行うTタッチの組み合わせは、過度に興奮する犬に特に効果的だと実証されています。クラウデッド レパードのTタッチは、新たに体を意識させたり、リラックスした状態をつくり出すのに用いることができます。ジグザグのTタッチで体を撫でることで、犬をリラックスさせられます。また、ボディ・ラップ、リーディング・エクササイズ、コンフィデンス・コースでのボディ・ワークを試してみましょう。

詳しくは

　Tタッチの組み合わせ 35p 、クラウデッド レパードのTタッチ 28p 、ジグザグのTタッチ 51p 、ボディ・ラップ 82p 、ハルティ76p 、コンフィデンス・コース 92p

Tタッチ情報

連絡先

　Tタッチトレーニング、Tチーム、アニマル・アンバサダーズ、近隣のテリントンTタッチ・プラクティショナー、テリントンTタッチトレーニング用具、リンダ・テリントン・ジョーンズの出版物などに関する情報は、下記のテリントンTタッチ事務局までお尋ねください。

アメリカ合衆国
TTEAM & TTouch Training
　Headquarters
Linda Tellington-Jones
PO Box 3793
Santa Fe, NM 87501
Tel: 1-800-854-TEAM（8326）
　　 1-505-455-2945
Fax: 1-505-455-7233
e-mail: info@tteam-ttouch.com
web: www.tellingtonttouch.com

イギリス
Sarah Fisher
South Hill House
Radford, Bath
Somerset BA3 1QQ
Tel: 01761 471 182
Fax: 01761 472 982
e-mail: sarahfisher@msn.com

カナダ
Robyn Hood
5435 Rochdell Rd.
Vernon, BC
V1B 3E8
Tel: 1-800-255-2336
　　 1-250-545-2336

Fax: 1-250-545-9116
e-mail: ttouch@home.com

オーストラリア
Andy Robertson
28 Calderwood Rd.
Gaiston NSW 02159
Tel: 0404 255496
e-mail: ttouch@cia.com.au

南アフリカ
Eugenie Chopin
PO Box 729
Strathaven 2031
Tel: 27-11-8843156
Fax: 27-11-7831515
e-mail: echopin@icon.co.za

ドイツ
Bibi Degn
Hassel 4
D-57589 Pracht
Tel: 02682-8886
Fax: 02682-6683
e-mail: bibi@tteam.de
web: www.tteam.de

オーストリア
Martin Lasser
Anningerstr. 18
A-2353 Guntramsdorf
Tel: 02236 47040
e-mail: TTeam.office@aon.at
web: www.tteamaustria.at

オランダ
Nelleke Deen
Staverenstraat 10 B
NL-3043 RS Rotterdam
Tel & Fax: 01041 52594
e-mail: nelleke@dest.demon.nl

スウェーデン
Christina Drangel
Svavelsovagen 11
184 92 Rydbo
Saltsjobad
Tel & Fax: 08-540-27488
e-mail: jmpette@ibm.net

スイス
Doris Süess-Schröttle
Mascot
Ausbildungszentrum AG
CH-8566 Neuwilen
Tel: 071 6991825
Fax: 071 6991827
e-mail: mascot@swissonlone.ch

テリントンTタッチ　トレーニング用具

　下記の用具はTタッチトレーニング事務局、またはインターネット www.tellingtonttouch.com にてお求めいただけます。
　　　・Tタッチワンド
　　　・ナイロンと皮のリード
　　　・ジェリー・スクラバー
　　　・スヌート・ループ・ハルター
　　　・ハルティ

ニュースレター

　隔月発行 24 ページのニュースレター、Tチームコネクションを購読すると、TチームとテリントンTタッチの最新情報を入手できます。TチームとTタッチ・メソッドに関する情報と同時に、動物への理解を深めること、行動や健康、パフォーマンスを向上させることに役立つ情報も掲載されています。ニュースレターには、リンダ・テリントン・ジョーンズとロビン・フッドによる記事、ケースヒストリーと読者からのお便り、リンダとロビンによる Q&A、Tチーム、Tタッチ・プラクティショナー、インストラクター、また関係分野の人々による寄稿が掲載されています。

Tタッチ・トレーニング

ワークショップ
　アメリカとカナダに150人、英国に20人と世界中にTタッチ・トレーニングのプラクティショナーがいます。Tタッチのマジックをあなたのクラブや地元のドッグ・グループに提供するために、2日間のコンパニオン・アニマル向けのワークショップを地元で開催することも可能です。熱意ある人達さえ集まれば、Tタッチトレーニングから高度な資格を持ったトレーナーを派遣し、犬に実績あるTタッチの方法を指導します。ワークショップで話すことは、Tタッチに用いられる基本原則と技術です。以下のような内容です。
・主なTタッチといつ使うべきか。
・愛犬や愛猫との関係を深める。
・動物の学習意欲と能力を高める。
・過度に舐めたり噛んだりというストレスの徴候をなくす。
・愛犬の攻撃性や臆病さを軽減する手助けをする。
・リードの引っ張りをやめさせる。
・関節炎や加齢の影響を遅らせる。
・獣医師によるケアに加え、手術や怪我からの回復を早める。
・飛びつく、吠える、ひっかく、臆病、分離不安など、よくある問題への解決の手助けをする。

犬・猫・その他動物のためのテリントンTタッチ・プラクティショナーになるには

　フルタイムもしくはパートタイムで仕事にしたい方、また自分の飼っている動物のためにTタッチを覚えたいという方のために、犬・猫・その他コンパニオンアニマルのためのTタッチ・プラクティショナーの資格取得プログラムがあります。世界中に数百人のTタッチ・プラクティショナーがいます。個人の顧客を抱えフルタイムで仕事としている人もいますが、多くは他に仕事を持っています。また学んだことを、シェルター、しつけ教室、動物病院、動物園など自分の動物関係の仕事に取り入れている人もいます。このトレーニングプログラムの良い点は、動物と良い関係を持つことのできるすばらしい方法を学べること、そして多くの人にとっては、自分自身と自らの種に対する新たなる認識と理解を得ることでしょう。
　Tタッチ・プラクティショナーの資格取得プログラムは約2年間で、多くの時間と努力が必要とされます。プログラムはパートタイム制で、1回5日から7日にわたる6回のセッション（1年に3回）になります。
　2年間のプロフェッショナルトレーニングと資格取得プログラムの間

に以下のようなことを学びます。
- 犬、猫、鳥やその他のペットを扱う、ユニークでためになる方法を体験します。あなたの生活を変えてしまうかもしれません。
- よくある行動や健康に関する問題を扱う、使いやすいスキルを身につけます。
- ショー、オビディエンス、アジリティ、シュッツフントや競技に出る犬のパフォーマンスを改善し、ストレスを軽減する手法を使います。
- より容易に新しい環境に適応できる手助けをするため、シェルターの動物も扱います。
- 手術や怪我から早く回復する手助けとなる方法を学びます。
- 生きるものすべてへの理解と思いやりを、Ｔタッチによりどのように喚起するのかを理解します。

詳しい情報またはＴタッチプラクティショナー・プログラムへのお申し込みは、下記までご連絡ください。

>TTEAM and TTouch Training Headquarters
>P.O. Box 3793
>Santa Fe, NM 87501-0793
>Tel: 1-800-854-8326
>Fax: 1-505-455-7233
>e-mail: info@tteam-ttouch.com
>web: www.tellingtonttouch.com

リンダ・テリントン・ジョーンズによる出版物

本

Getting in TTouch: Understand and Influence Your Horse's Personality (published in the UK as *Getting in Touch with Horses*)

Improve Your Horse's Well-Being: A Step-by-Step Guide to TTouch and TTEAM Training

Let's Ride with Linda Tellington-Jones: Fun and TTeamwork with Your Horse or Pony

The Tellington-TTouch: A Breakthrough Technique to Train and Care for Your Favorite Animal

The Tellington-Jones Equine Awareness Method

ビデオ

Unleash Your Dog's Potential: Getting in TTouch with Your Canine Friend (US version); available in PAL format as *Getting in Touch with*

Your Dog: Unleash Your Dog's Potential from Kenilworth Press
The TTouch of Magic for Horses
The TTouch of Magic for Dogs
The TTouch of Magic for Cats
Haltering Your Foal
Handling Mares and Stallions
Learning Exercises Part 1
Learning Exercises Part 2
Riding with Awareness
Solving Riding Problems with TTEAM: From the Ground
Solving Riding Problems with TTEAM: In the Saddle
Starting a Young Horse
TTouch for Dressage
Tellington-Touch for Happier, Healthier Dogs
Tellington-Touch for Happier, Healthier Cats

Ｔタッチ用語集

肢のサークル
　　後ろ肢と前肢へ均等に円を描く。緊張を緩和し、バランス感覚と体の動きを良くする。

アバロニのＴタッチ
　　完全に平らにした手のひらで、皮膚を動かして円を描くＴタッチ。

牛のひとなめ
　　長く対角線に撫でて刺激を与えるＴタッチ。

Ａフレーム
　　２枚の斜めにした壁を合わせた屋根のような形の障害。

お腹のリフト
　　リラックスさせるため、タオルや手で犬のお腹を優しく持ち上げる。

金網の床面
　　犬に足場をしっかりと保つ感覚を向上させる障害。

キャバレッティ
　　犬が走ったりジャンプしたりするための、高さを上げた一連のポール。

口のＴタッチ
　　マズルとその周り、唇と歯茎へのＴタッチ。口のＴタッチは、感情をつかさどる脳内の大脳辺縁系を刺激する。

クマのＴタッチ
　　カーブさせた指の爪で行う円のＴタッチ。

クラウデッド レパードのＴタッチ
　　このＴタッチの基本形は、軽くカーブさせた手で行う円を描くＴタッチである。その手で皮膚を１と１/４の円に動かす。

シーソー
　　犬のバランス感覚を良くする障害。

ジグザグのＴタッチ
　　体に対し、ジグザグの動きをしながら長い距離を撫でるＴタッチ。

しっぽのＴタッチ
　　しっぽを円に動かしたり、曲げたり、引っ張ったりするＴタッチ。犬の姿勢をリラックスさせるＴタッチ。

障害
　　障害（コンフィデンス・コース）をこなすことで、犬との信頼関係、服従性、バランス感覚が改善される。

スター
　　半円に並べ、片側を高くしたポールよりなる。

スヌート・ループ
　　ハルティと似ているが、より調整が可能。

スラローム
　ポールやコーンを走って通る。犬のアジリティの上達につながる。

タイガーのＴタッチ
　指の爪で行うＴタッチ。指はカーブさせ、トラのつま先のように間隔をあける。

タイヤ
　車のタイヤは障害物として、または障害とともに、非常に多くの目的に使うことができる。

ダブル・ダイヤモンド
　犬のための特別な「ボディ・ロープ」。攻撃性のある犬や過度に活動的な犬を、ハンドラーがコントロールするためのもの。

タランチュラの鋤引き
　皮膚をうねらせる優しい形。両手をクモのようにして、体の上を「歩かせる」。

つま先へのＴタッチ
　つま先への小さな円のＴタッチにより、犬は「地に足をしっかりつける」ようになり、恐怖を克服するのに役立つ。

つま先を使ったＴタッチ
　犬のつま先で行う円の動き。

Ｔタッチ
　Tellington Ｔタッチ Method の略語。個々のＴタッチ（例えば、クラウデッド レパードのＴタッチなど）にも使われる。ＴタッチはテリントンＴタッチ・メソッドのボディ・ワークの一部である。

Ｔタッチの組み合わせ
　ライイング レパードのＴタッチもしくはアバロニのＴタッチをパイソンのＴタッチと組み合わせたもの。

TTEAM（Ｔチーム）
　Tellington-Jones Equine Awareness Method の略語。初めは、リンダ・テリントン・ジョーンズが自身の馬のために開発したメソッド。今日では多くの他の動物にも行う。現在 TTEAM は Tellington-Jones Every Animal Method の略語としても使われる。

テリントンＴタッチ・メソッド
　Ｔタッチ、リーディング・エクササイズ、コンフィデンス・コースからなる完全なシステム。

伝書鳩のジャーニー
　人が犬の両側に立ってリーディングすること。

ノアのマーチ
　Ｔタッチを行う前と後に行う、体全体を長く撫でるＴタッチ。

ハーネス
　首に圧力のかからない犬に優しいハーネス。

パイソンのTタッチ
皮膚を両手で動かすTタッチ。特に肢へのリラックス効果がある。

バランス・リード
リーディング行う時、犬の胸にかけるリード。バランス感覚を高める。

ハルティ
リードより容易に、ハンドラーが犬の頭をコントロールできる特別なヘッドカラー。

プラスチック製の床面
すべりやすい床面を模した障害で、バランス感覚と足場をしっかり保つことを学習する。

ヘアスライド
犬の被毛に沿って撫でる。リラックスと循環を良くする効果。

ボード
１枚または複数のボードを地面に置く。犬にボード・ウォークを歩かせる準備のための障害として用いる。犬が自信をつけ、バランス感覚が良くなる。

ボード・ウォーク
高さを上げた幅の狭いボードで、注意力とバランス感覚をトレーニングする。

ポール
障害の名前。スターとラビリンスをつくるなど、さまざまな用途に用いられる。

ボディ・ラップ
ボディ・ラップはさまざまな方法で巻くことができる。犬は体への意識が高まるので、自分に自信を持つことができるようになる。

耳のTタッチ
耳への撫でる、または円のTタッチ。耳のツボを刺激するので、体全体に良い効果がある。また、事故の後ショックに陥ることを防ぐ。

ライイング レパードのTタッチ
クラウデッド レパードのTタッチのバリエーション。手はいくらか平らにし、指で円を描く。手のひらからリラックス効果のある温かみが伝わる。

ラクーンのTタッチ
敏感な部分に行う非常に軽いTタッチ。もっとも軽い力の度合いで、指の先端を使って行う円の動き。

ラビリンス
６本の長いポールを地面に置いてつくる障害。犬の集中力を上がり、それにより学習能力も向上する。

ラマのTタッチ
手の甲で行うTタッチ。敏感な犬や怖がりの犬には、手のひらで行うよりも脅威が少ない。

ワンド
神経質や攻撃的な犬の体を、安全な距離から撫でたり、方向を示すために使う。

索引

あ

アジリティ　22, 49, 92, 102, 104, 108
アレルギー　25, 42
痛み　53, 70
動きによる気づき（Awareness through Movement）　11
運動機能　30
円のTタッチ　14, 16, 17
大きな音を怖がる　33, 34, 62, 64, 82
臆病　16, 23, 34, 72, 107
オビディエンス・トレーニング　28

か

活動的　51, 54, 58, 82, 118
噛みぐせ　15, 70, 116
かゆみ　25, 42, 43
体の動き　64
体のスイッチをいれる　14
ガン　57
関節炎　16, 19, 24, 31, 59, 64, 82, 103
機能統合　12, 15
救助　34, 98
競技会　22, 23, 28, 49
協調性　92
恐怖　54, 70, 75, 80, 112
恐怖心　32
緊張　23, 34, 52
筋肉疲労　33
クオリティ・オブ・ライフ　16
グルーミング　16, 24, 40, 46, 47
グルーミング・テーブル　49
車酔い　16, 20, 59, 117
痙攣　56
怪我　23, 24, 38, 64, 70, 82
幻覚肢痛　71
子犬　55

攻撃性　23, 25, 55, 70, 72, 76, 81, 86, 89, 95, 112, 113
興奮　46
股関節形成不全　16, 24, 38, 64, 70, 103
呼吸困難　25
腰が悪い　33
子育て放棄　25
怖がり　36, 37, 62

さ

再統合　50
事故　58
歯垢　20
四肢幻痛　115
自信　98, 100, 102, 106
失禁　23
湿疹　42, 43
社会化　25, 41
集中力　94, 96, 108
柔軟性　108
手術　24, 58, 70
出産　25, 61
循環を刺激　44, 48
消化不良　24
ショック　18, 20, 24, 58
神経経路の活性化　26
神経質　16, 28, 36, 37, 38, 46, 51, 52, 54, 62, 64, 82, 96, 103, 114, 118
神経症的行動　13
心配性　28
ストレス　21, 52, 54, 114
制限　76, 83
整合性　92
脊椎炎　19
背中の痛み　49
セラピー　98

た

大脳辺縁系　21, 54, 114
多動性　16, 23
断尾　38, 39, 71
注意力　92
調整力　94
つながった円　20
爪切り　66, 69
テリントンタッチ・メソッド　26
疼痛治療　19
動物介在療法　34

な

妊娠　25, 52

は

歯　25
ハーフ・ラップ　82, 83
発熱　24
パニック　46, 66, 82
バランス　62, 64, 74, 92, 94, 96, 98, 100, 102, 109
腫れ　38
ヒーリング・ワーク　80
敏感　36
不安　23, 32, 34, 80, 103, 107, 117

フェルデンクライス　10, 12
服従心　94
腹痛　24
不服従　72, 76
プラクティショナー　17, 18, 55, 89, 121
分離不安　115, 116
防衛　21
吠え　23
歩調　62, 104
発作　56
ボディ・ランゲージ　19, 55, 94, 105, 108
ボディ・ワーク　10, 11, 15, 18, 21, 26, 47, 49, 112, 117, 118

ま

麻痺　45, 65
虫刺され　42
無駄吠え　115

や

陽性強化法　16, 89

ら

ラッピング　20
リードの引っ張り　72, 74, 76, 79, 84, 85, 87
リラックス　46, 48, 58, 60

犬にT❖TOUCH
Getting in TTouch with Your Dog

2005年3月15日　初版第1刷発行

著者	リンダ・テリントン・ジョーンズ
監訳	山崎恵子
翻訳	石綿美香
発行者	清水嘉照
発行所	有限会社　アニマル・メディア社
	〒113-0034　東京都文京区湯島2-12-5　湯島ビルド301
	TEL 03-3818-8501　　FAX 03-3818-8502
印刷所	株式会社　文昇堂

Printed in Japan
JAPANESE TRANSLATION©2005 ANIMAL MEDIA Co., Ltd.
ISBN4-901071-11-4

製作には十分に注意しておりますが、万一、乱丁、落丁などの不良品がありましたら、小社あてにお送りください。送料小社負担にてお取替えいたします。